DK 621.744.49

FORSCHUNGSBERICHTE
DES LANDES NORDRHEIN-WESTFALEN

Herausgegeben durch das Kultusministerium

Nr. 887

Baurat Dipl.-Ing. Waldemar Gesell

Staatliche Ingenieurschule für Maschinenwesen, Duisburg

Arbeiten mit Preß-Formmaschinen unter Normal-Bedingungen und bei hohen spezifischen Preßdrücken

Als Manuskript gedruckt

WESTDEUTSCHER VERLAG / KÖLN UND OPLADEN

1960

ISBN 978-3-663-03518-3   ISBN 978-3-663-04707-0 (eBook)
DOI 10.1007/978-3-663-04707-0

Gliederung

1. Die Verdichtungsverfahren auf Formmaschinen .... S. 7
   1.1 Zur Aufgabenstellung (allgemein) .... S. 7
   1.2 Verdichtungsverlauf in einer Form .... S. 9
      1.21 Stand der Erkenntnisse .... S. 9
         1.211 Der Verdichtungswiderstand nach
                RODEHÜSER .... S. 9
         1.212 Formhärtemessung .... S. 15
         1.213 Härteverlauf in der Form .... S. 19
         1.214 Luftverbrauchsmessung an Formmaschinen ... S. 24
         1.215 Wirkungsgrade von Preßformmaschinen .... S. 33
         1.216 Kraftgleichung der Preßformmaschinen .... S. 39
   1.3 Begrenztes Pressen .... S. 43
   1.4 Unbegrenztes Pressen .... S. 53
   1.5 Rütteln und Nachpressen .... S. 64
   1.6 Abheben .... S. 67
   1.7 Härteverlauf bei verschiedenen spezifischen
       Preßdrücken .... S. 69
   1.8 Einfluß der Beschwergewichte .... S. 72

2. Sandkennwerte und Güte der Formherstellung .... S. 79

3. Zur Härtemessung an Formen .... S. 91
   3.1 Die Kugeldruck-Härtemessung .... S. 91
   3.2 Eichung eines Kugeldruck-Härteprüfers auf das
       Treibmaß von RODEHÜSER .... S. 93
   3.3 Meßgenauigkeit der Kugeldruck-Härtemesser ... S. 95
   3.4 Statische "Härtemessung" der Formoberfläche ... S. 100

4. Das Pressen mit höheren spezifischen Preßdrücken .... S. 103
   4.1 Die geschichtliche Entwicklung des Hochdruck-
       pressens .... S. 103
   4.2 Ergebnisse der amerikanischen Untersuchungen ... S. 104
   4.3 Laboratorium-Versuche mit höheren Preßdrücken ... S. 108
      4.31 Herstellung des Versuchssandes und der
           Probekörper .... S. 108
      4.32 Ermittlung der Sandkennwerte .... S. 112
      4.33 Das Verdichten und die Härte von Probekörpern
           unterschiedlicher Höhe .... S. 115

4.34 Kornzertrümmerung beim Hochdruckpressen . . . . S. 117
4.4 Rütteln und Hochdruckpressen . . . . S. 120
    4.41 Rütteln unter Preßdruck bei höheren spez.
         Drücken . . . . S. 120
    4.42 Rütteln und Nachpressen mit höheren Drücken . . . . S. 123
4.5 Formen nach dem Hochdruck-Preßverfahren . . . . S. 124
    4.51 Sandart und Versuchsdurchführung . . . . S. 124
    4.52 Einfluß des Hochdruckpressens auf die Maß-
         haltigkeit der Gußstücke . . . . S. 128
    4.53 Sandkennwerte aus Formen gleicher Härte . . . . . . S. 131
    4.54 Steigerung des Fließvermögens der Formsande . . . . S. 133

5. Schlußbetrachtung . . . . S. 134
Literaturverzeichnis . . . . S. 137

Der Dank des Berichters

gilt all denen, die zum Erfolg dieser Arbeit beigetragen haben, besonders

    dem Lande Nordrhein-Westfalen,

        das für die Durchführung die erforderlichen Mittel zur Verfügung stellte,

    den Herren Gutachtern des Beratungsausschusses

        für das Vertrauen in den Erfolg der Arbeit,

    einer Vielzahl von Firmen der Gießerei-Zubringer-Industrie,

        die das Versuchsmaterial zum wesentlichen Teil kostenlos zur Verfügung stellten,

    den Studierenden der Fachrichtung Gießerei-Wesen der Staatlichen Ingenieurschule Duisburg,

        die durch Vorversuche in ihren Übungen im Fach Gießerei-Maschinen, den Rahmen abstecken halfen, in dem die Gesamtarbeit dann mit wesentlich geringeren Mitteln zu erstellen war.

Nicht zuletzt dankt der Berichter seinen vorgesetzten Dienststellen, die der Arbeit ihr Wohlwollen entgegenbrachten.

Duisburg, den 1.2.1960

                                          Waldemar Gesell

1. Die Verdichtungsverfahren auf Formmaschinen

1.1 Zur Aufgabenstellung (allgemein)

Die Entwicklung der Technik zwang den Konstrukteur sowie den Betriebsmann, durch Messungen und Untersuchungen Zahlenwerte zu ermitteln, die eine genaue Beurteilung seiner Erzeugnisse zulassen. Daraus ergab sich z.B. für die spanabhebende Fertigung, auch für die Werkzeugmaschinen Kennwerte festzulegen, die das Einhalten der gewünschten Produktionsgeschwindigkeit oder der Produktionsgüte erlauben.

Es liegt daher nahe, die gleichen Forderungen für die Gießerei-Fertigung zu erheben und somit für die Werkzeugmaschinen der Sandformerei, für Formmaschinen aller Typen, gleichfalls Kennwerte zu erstellen. Diese sollen den Arbeitsvorgang und die Maschinen qualitativ beschreiben und die Güte der Produktion festlegen helfen.

In Deutschland sind nach den Arbeiten am Ende der zwanziger und zu Beginn der dreißiger Jahre [1] - vornehmlich in Verbindung mit der Badischen Maschinenfabrik und unter RODEHÜSER - keine weiteren allgemeingültigen Aussagen über den Formvorgang und über Formmaschinen gemacht worden. Die in allen Fachgebieten klar definierten und in ihrer Größe bekannten Maschinen-Wirkungsgrade fehlten für die Beurteilung dieser Maschinengruppe vollständig. Die bis heute gebräuchlichen Angaben des Energiebedarfes, z.B. bei Druckluftformmaschinen, sind in der Formulierung unklar, so daß der Betriebsmann kaum mit diesen Größen rechnen und planen kann. Die Arbeiten von RODEHÜSER und anderen regten zwar zur Forschung an, wurden aber leider nicht fortgesetzt, wenn sie nicht sogar in Vergessenheit gerieten. Die Möglichkeit, Untersuchungen an Formmaschinen mit Betriebsmitteln hinreichend genau durchzuführen [2], hatte der Sveriges Mekanförbund in seinem Formmaschinenausschuß unter Obering. GRANDSTRÖM wieder aufgegriffen. Unabhängig davon hatte W. BARTOSCH, Wien, in seinem Betrieb Untersuchungen [3] über den Druckluftverbrauch einzelner Arbeitsgänge um die gleiche Zeit etwa vorgenommen.

Eine Zusammenfassung der in der bekannten Literatur zu findenden Angaben und eigene Überlegungen trugen N.P. AKSJONOW und P.N. AKSJONOW in ihrem Werk "Ausrüstung von Gießereien" [4] (russisch) zusammen.

Der Berichter hat durch seine Arbeiten [5] versucht, vom Maschinentechnischen her die Arbeiten von RODEHÜSER, WALLE und GERBER wieder aufzugreifen in Verbindung mit gleichartigen Bestrebungen des Sveriges

Mekanförbundes. Sie werden an späterer Stelle zur Diskussion der hier vorliegenden Fragen mit herangezogen.

In jüngster Zeit sind in der USA-Literatur u.a. vielfach Arbeiten von R.W. HEINE [6] und einem wohl von ihm geleiteten Arbeitskreis zu finden, so daß bei den durchgeführten Versuchen vielfach Parallelen zu den Arbeiten von HEINE pp. sich als nötig erwiesen, um die dort aufgeführten Angaben auf Grund eigener Ergebnisse nachzuprüfen.

Wesentlichen Anstoß zu den hier aufgezeigten Untersuchungen zu diesem Fragenkomplex waren Veröffentlichungen [7] von T.E. BARLOW und seinem Arbeitskreis. Dort wurde unter anderem besonders herausgestellt, daß durch Hochdruckpressen eine wesentliche Gütesteigerung der Gußerzeugnisse zu erreichen ist.

Vom Formtechnischen her soll als Güte des Gußteiles dabei gelten, wenn alle metallkundlichen Abhängigkeiten eliminiert werden und die Werkstücke stets mit dem gleichen Modell abgeformt werden:

a) Garantie einer engen Maßtoleranz,
b) Güte der Gußoberfläche, vornehmlich also die geringe Rauhigkeit,
c) geringe Gewichtstoleranz der Abgüsse.

Auch Einflüsse, die von der Wahl des Sandes herrühren, sind weitgehend auszuschalten, und bei den Überlegungen hier außer Ansatz gelassen. Es wird daher nicht verkannt und in den Versuchen auch mit berücksichtigt, daß die Güte einer Formmethode zur optimalen Wirkung erst dadurch gelangt, daß geeignete Formstoffe zum Einsatz gebracht werden. Daher gehen die Versuche in zwei Richtungen. Sie wollen eine geeignete Formmaschine und den darauf dann am besten einzusetzenden Formstoff finden.

A. RODEHÜSER hatte mit seinem Treibmaß bereits eine Methode ausgewiesen, wodurch eine Form so erstellbar sein sollte, daß gewünschte Toleranzen in den Abmessungen einzuhalten sind. Darauf aufbauend sind nach dem Dafürhalten des Berichters Formverfahren ausbild- oder anstrebbar, die die gewünschten Toleranzen einzuhalten gestatten müßten. Wenigstens ließe sich nach diesem Verfahren durch umfassende Versuche nachweisen, in welchem Umfang es überhuupt möglich ist, die vom Abnehmer an ein Gußteil geforderten Maßtoleranzen mit einem gegebenen Formverfahren überhaupt einzuhalten.

Ziel der Gießerei-Fertigung muß es sein, ein Gußteil gewünschter Güte - hier der Oberfläche, der Maß- und Gewichtstoleranz - zu erstellen.

Dabei sollte beachtet werden, daß Maßtoleranzen zwangsläufig Gewichtstoleranzen einschließen. Somit ist ein unabhängiges Festsetzen leider nur möglich, wenn die Gewichtstoleranz so groß bemessen wird, daß die Maßtoleranzen niemals diese Abweichungen zulassen würden.

Die heute gültigen Freimaßtoleranzen gemäß DIN 1683/84/86/87/88 stellen eine statistische Zusammenfassung der mittleren Fertigungsgüte bei den heute bekannten Fertigungsmethoden der Gießerei dar. Sie stehen mit der hier diskutierten Frage, gewünschte Maßtoleranzen zu garantieren, nur lose im Zusammenhang. Die Freimaßtoleranzen legen die möglichen Grenzen beim heutigen Stand der Formtechnik fest. Bei der Fragestellung handelt es sich aber darum, für jede einzelne vorliegende Form garantieren zu können, daß eine gewünschte - ggf. wesentlich engere - Toleranz an dem hier zu erstellenden Gußstück mit Sicherheit zu erzielen ist.

Darüber hinaus wies T.E. BARLOW darauf hin, daß engere als heute übliche Toleranzen erstellbar seien. Diese beiden Probleme waren also der wesentliche Anlaß zu den nachfolgenden Untersuchungen.

1.2 Verdichtungsverlauf in einer Form

1.21 Stand der Erkenntnisse

1.211 Der Verdichtungswiderstand nach RODEHÜSER [8], [9]

Aus den Arbeiten von A. RODEHÜSER kann zusammenfassend für das hier zu ergründende Problem ausgeführt werden:

> Bei einem Formsand bekannter Zusammensetzung stehen alle wesentlichen Sandkennwerte in Zusammenhang mit dem Raumgewicht, das als Maß für die Verdichtung genommen wird. Ein verdichteter Sand aber setzt dem Eindringen eines Prüfkörpers einen Widerstand, den Verdichtungswiderstand, entgegen, so daß die Eindringtiefe damit zur Bestimmung aller Sandkennwerte an einem bestimmten Punkt der Form benutzt werden kann. Jedoch muß für jeden Sand das Grunddiagramm über den Zusammenhang zwischen Verdichtung und Kennwerte bekannt sein.

> Vorausgesetzt, daß die Zusammensetzung der Sande in einer Gießerei nicht ständig geändert wird und der Wassergehalt nicht mehr als 1 % schwankt, kann eine solche Charakteristik mit längerer Geltungsdauer für einen Betrieb aufgestellt werden.

> Das Ausweichen des Sandes bei rein statischer Belastung durch den Prüfkörper wird als Maß für das mögliche Treiben bei einem Druck von

1 p/mm² genommen. Die doppelte Größe dieses Ausweichens wird als "Treibmaß" bezeichnet. Es kann aus den Eichversuchen zur Bestimmung der Sandcharakteristik in Abhängigkeit vom Verdichtungswiderstand ermittelt werden. Damit besteht die Möglichkeit, die Verdichtung der Form an der untersuchten Stelle so zu bestimmen, daß das für den Abnehmer zumutbare Treiben des Gußstückes nicht überschritten wird. Das Treibmaß bei höherem Druck als 1 p/mm² errechnet sich durch Vervielfältigen des Ausgangstreibmaßes mit dem vorhandenen ferrostatischen Druck

Soll z.B. bei einem Formteil von 0,7 m Höhe die Wanddickenabweichung nur 3,0 mm betragen, dann darf das Treibmaß 3,0 : 4,9 = 0,614 mm sein, da der ferrostatische Druck bei 0,7 m Höhe und γ = 7,0 p/cm³ für flüssiges Eisen $\frac{700 \cdot 7,0}{1000}$ = 4,9 p/mm² beträgt. Aus dem dazugehörigen Diagramm (Abb. 1) läßt sich der Verdichtungswiderstand ablesen, der diesem Treibmaß entspricht. Die Form muß an der Stelle 0,7 m unter der Formoberfläche den hier gefundenen Verdichtungswiderstand (mindestens 1,37 p/mm²) aufweisen. Da andererseits gemäß Diagramm Abbildung 1 ein enger Zusammenhang zwischen Verdichtungswiderstand und Raumgewicht besteht, so läßt sich mit diesen Überlegungen auch die Höhe des Füllrahmens beim Pressen ermitteln, da sich $V_{Anf} : V_{End} = \delta_{End} : \delta_{Anf}$ verhalten.

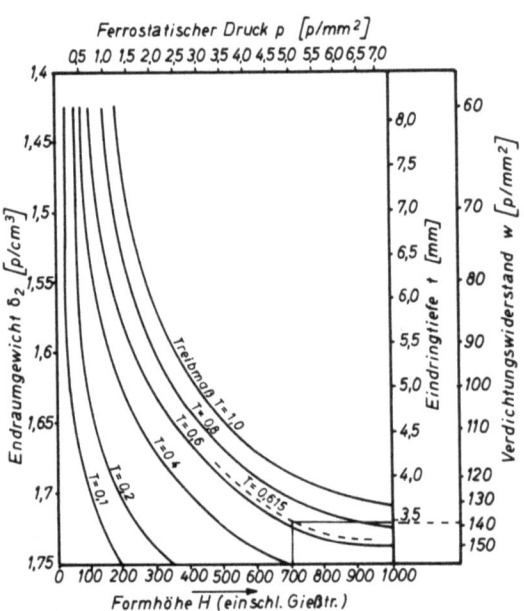

Erforderliches Raumgewicht δ_2 verdichteter Gußformen

A b b i l d u n g   1

Erforderliches Raumgewicht verdichteter Sandformen
(nach A. RODEHÜSER) bei gewünschtem Treibmaß

Der Formhärteprüfer von A. RODEHÜSER (Abb. 2) läßt den Prüfkörper in einer Vorrichtung frei auf die Formoberfläche fallen. Dadurch können nur Flächen geprüft werden, die senkrecht unter der Meßvorrichtung liegen. V. FREY [10] ändert deshalb die Einrichtung dahin ab, daß er den Impuls für das Prüfgewicht durch eine Feder ausüben läßt, so daß er von der Lage der Prüfstelle unabhängig wird. Will man die Erkenntnis von A. RODEHÜSER verwerten, so wäre das Meßgerät von V. FREY nur auf das von RODEHÜSER zu eichen, um für einfache Betriebsversuche dann eine Umeichung auf einen Kugeldruck-Härteprüfer vorzunehmen.

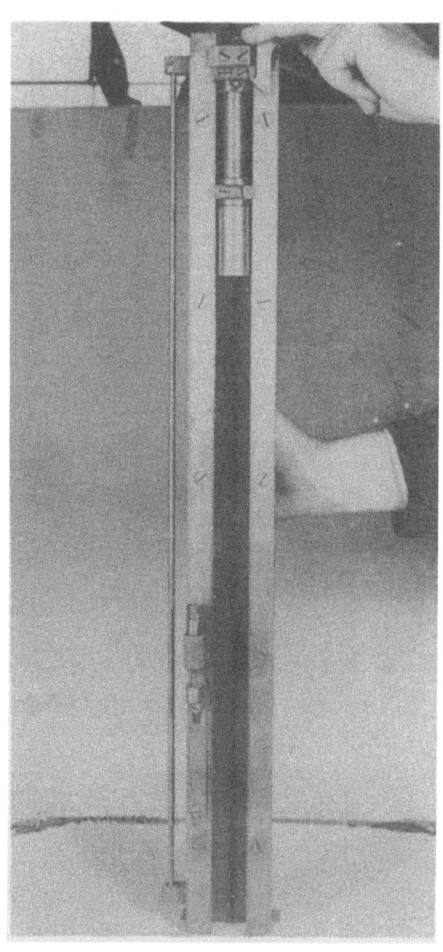

Abbildung 2
Formhärteprüfer nach A. RODEHÜSER

Die Erkenntnisse RODEHÜSERs sind nach FREY [10] wie folgt zu beurteilen: RODEHÜSER hat als erster den funktionellen Zusammenhang von Festigkeit und Gasdurchlässigkeit mit der Verdichtung erkannt. Als Maß setzt RODEHÜSER dafür das Raumgewicht. Er brachte sogar die örtliche Sandverdichtung, seinen Verdichtungswiderstand, durch eine graphische

Darstellung (Abb. 3) in Zusammenhang, so daß über die Eindringtiefe sofort die Festigkeit und die Gasdurchlässigkeit an der betreffenden Stelle abzulesen sind. RODEHÜSER benutzt dabei die von ihm definierten Sandkennwerte (vgl. [11]).

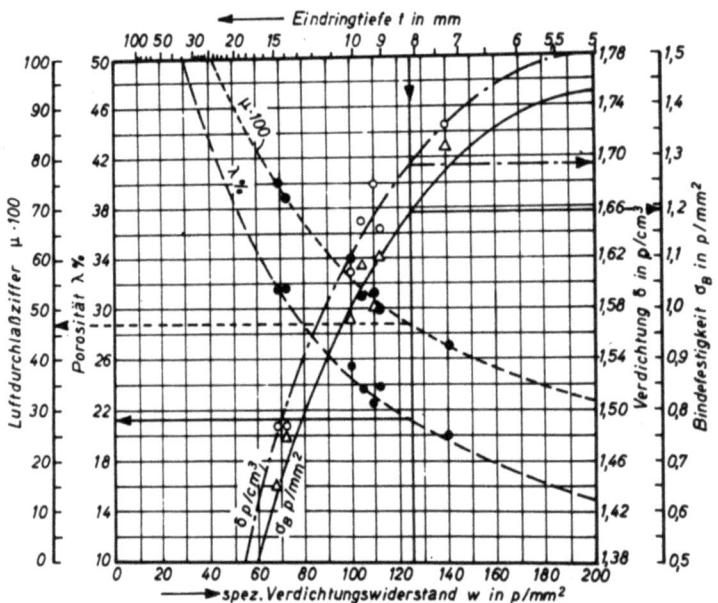

A b b i l d u n g 3
Sandcharakteristik nach RODEHÜSER
gem. Gieß. 28. 9. 834 (Abb. 9)

Nach FREY [10] ist die Tatsache, daß die Methode sich kaum durchsetzte, damit zu begründen, daß

der Apparat zu unhandlich ist,

sich nur horizontale Flächen prüfen lassen,

die Form recht stark beschädigt wird, so daß ggf. ein Ausflicken nicht möglich ist;

kleine Formteile praktisch nicht zu prüfen sind und beim Versuch auseinanderbrechen,

das Eichen des Gerätes auf einen bestimmten Sand kritisch ist, da es zuviel Zeit erfordert;

das beim Eichen nötige Ausstechen von Probekörpern kaum ohne wesentliche Fehler durchführbar sei, da z.B. zusätzliches Verdichten der Körper eintrete.

Trotzdem sollten die ausgeführten Arbeiten fortgesetzt werden, da durch sie sicher garantierte Formabmessungen erstellbar erscheinen. Nur sollte das Gerät von RODEHÜSER auf handliche Methoden umgeeicht werden. Einen solchen Versuch machte daher auch V. FREY selbst und konstruierte seinen Schlagdichteprüfer (Abb. 4).

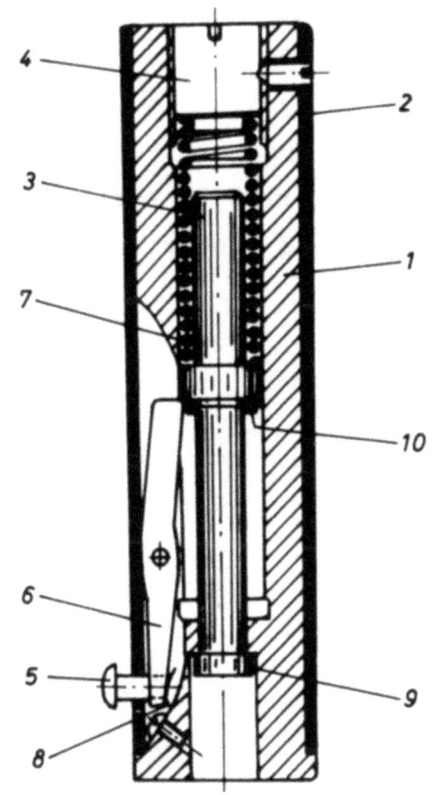

A b b i l d u n g 4

Schlaghärteprüfer nach V. FREY

1	Zylinder	6	Arretierhebel
2	Staubschutzmantel	7	Feder
3	Kolben	8	Blattfeder
4	Einstellschraube	9	Eindringkörper
5	Auflösung der Arretierg.	10	Aufschlagdämpfung

Die Maße des Apparates sind:

Länge	155 mm	Kolben:	Gewicht	70 p
Durchmesser	39 mm		Prüffläche	1 cm^2
Gewicht	1,35 kp		Weg bis zum Austritt aus dem Gehäuse	22 mm
			max. Austritt des Stempels aus dem Gehäuse	21 mm

Durch Druck auf die Arretierung schnellt der Kolben nach unten und dringt in die Sandoberfläche wie bei RODEHÜSER ein. Der Kolben soll bei Schußrichtung nach unten eine kinetische Energie von 15 cmkp besitzen. Die Eindringtiefe wird mit einer Tiefenlehre genau genug zu messen sein. Wird senkrecht nach oben geprüft, so entsteht zwar ein Unterschied, der nach FREY etwa 1 % im Raumgewicht bei 5 % Energie-Differenz beträgt, also vernachlässigt werden kann. Der volle Meßbereich beträgt 21 mm Eindringtiefe. Auch er kommt zu einem Diagramm, in das alle bisher bekannten und benutzten Sandkennwerte zusammen eingetragen werden und nennt ein solches Diagramm Sandcharakteristik. Abbildung 5 gibt ein solches Diagramm für einen bestimmten Sand wieder.

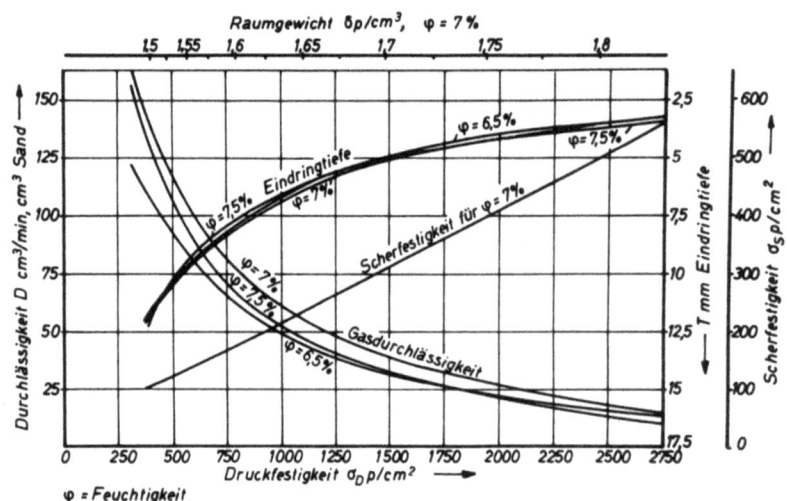

A b b i l d u n g   5

Sandcharakteristik nach V. FREY

Der Sand hatte die in Tabelle 1 angegebene Zusammensetzung:

T a b e l l e   1

Sandzusammensetzung für Sandcharakteristik nach Abbildung 5
Einheitssand mit 6 bis 8,5 % Wasser und 16 % Schlämmstoffe

S i e b a n a l y s e

Korngröße [mm]	Kornanteil [%]
1	2,19
0,6 - 1	7,06
0,3 - 0,6	23,85
0,2 - 0,3	19,34
0,1 - 0,2	17,55
0,06- 0,1	7,30
0,02- 0,06	6,71
> 0,06	16,0

V. FREY möchte das Diagramm nur so benutzt sehen, daß der Betriebsmann mit Hilfe der gemessenen Eindringtiefen abwägt, ob örtliche Festigkeit und Gasdurchlässigkeit ausreichen, um Ausschuß beim Abgießen zu verhindern. RODEHÜSER war jedoch schon einen Schritt weitergegangen. Er hatte über die Eindringtiefe das mögliche Treiben der Form (Treibmaß) festgelegt und sah darin die Grenze der möglichen Maßabweichung an dieser Stelle. RODEHÜSER verlangt also auf Grund der gewünschten Maßtoleranz eine bestimmte, höchstzulässige Eindringtiefe von jeder beliebigen Stelle der Form. An Hand der Sandcharakteristik ist nun nachkontrollierbar oder im Sinne von FREY abschätzbar, ob dieser Sand an der betreffenden Stelle auf Grund der geforderten Verdichtung zu Ausschuß führen kann.

1.212 Formhärtemessung

Mit der Formhärte-Messung setzte sich gleichfalls V. FREY (1950) auseinander. Er führte als älteste Arbeit die Dissertation von BERGHAUS [12] an, die den Verdichtungsverlauf in Formen durch Schichten unterschiedlicher Färbung (Abb. 6) darstellte. Waren die Schichtstärken vor dem Versuch bekannt, so konnte durch Messen der Stärken nach dem Versuch die Verdichtung rechnerisch an jeder gewünschten Stelle ermittelt werden. Auf diese Methode kommen HEINE und Mitarbeiter [13] wieder zurück, indem sie an Stelle der Schichten sogar gefärbte Quader anwenden, so daß auch das Fließen quer zu den Schichten veranschaulicht und ggf. sogar gemessen werden kann, wie es Abbildung 7 zeigt.

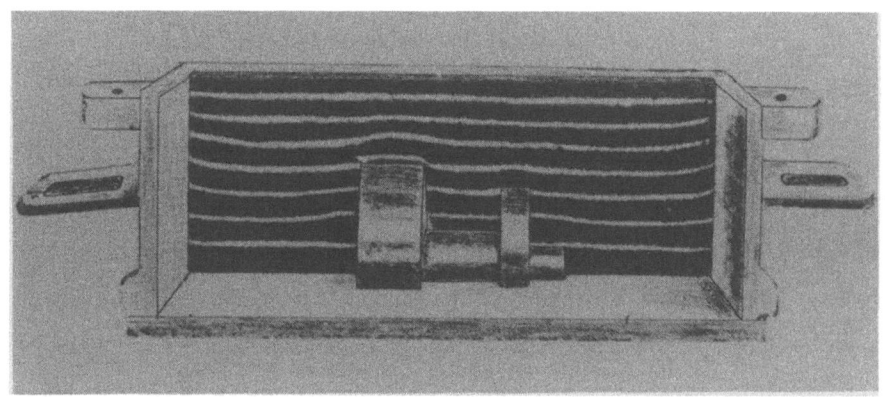

Abbildung 6
Verdichtungsverlauf einer Form nach B. BERGHAUS (Diss. S. 40)

Zur Härtemessung, die neben der Verdichtung stets zur Kennzeichnung der Güte einer erstellten Form mit benutzt wurde, verwendet BERGHAUS einen "Dreibock" (Abb. 8), den er auf die Oberfläche aufsetzt und

beschwert. Er stellt nun diejenige Belastung fest, die er benötigt,
bis die Beine gerade in die Form eindringen. In abgewandelter Form kommt
BERGHAUS damit zu den gleichen Meßergebnissen, die auch RODEHÜSER durch
seinen Verdichtungswiderstand und durch seine Treibmaß festlegen will,
nämlich der spezifischen Pressung, die die Formwand zum Ausweichen bringt
Jedoch war die Durchführung des Verfahrens bei BERGHAUS noch wesentlich
ungünstiger. Auch wollte er dazu nur die Versuche auswerten, bei denen
das Einsinken der Füße gleichzeitig erfolgte. Das Messen einer eng-
umrissenen Stelle der Form, besonders wenn sie senkrecht liegt, ist
praktisch undurchführbar.

A b b i l d u n g   7
Verdichtungsverlauf einer Form nach R.W. HEINE [13]

Die heute üblichen Formhärtemesser gehen sicher von Meßgeräten aus, die
durch TREUHEIT [14] vorgeschlagen wurden. Es handelt sich dabei um
federbelastete Kugeldruck-Prüfer, die somit nach der Härte-Meßmethode
von BRINELL arbeiten. Handliche Geräte dieser Methode werden heute im
Handel angeboten und auch in der Regel benutzt, wie sie in Abbildung 9
und in Schema Abbildung 10 zu sehen sind. Leider ist in der Praxis
dabei der Zusammenhang mit der BRINELL-Härtemessung in Vergessenheit
geraten. Es wäre angebracht, wenn die Ergebnisse als Flächenbelastung
in p/cm^2 ausgedrückt würden, statt in Teileinheiten bei gleichmäßiger
Aufteilung der gesamten Eindringtiefe in 100 Skalenteile.

Abbildung 8
Dreifuß zur Formhärtemessung
(Diss. BERGHAUS S. 20)

Für das Arbeiten auf Formmaschinen, besonders aber auf Preßmaschinen, interessiert der Zusammenhang zwischen spezifischem Preßdruck - dem Druck je cm^2 der Formteiloberfläche - und der erreichten Härte oder der Verdichtung. Da die Verdichtung an einer beliebigen Stelle schwer zu messen ist, die Verfahren mit gefärbten Sandschichten sehr zeitraubend sind und dazu die Form zerstören, so ist zweckmäßiger die Formhärte zu messen.

 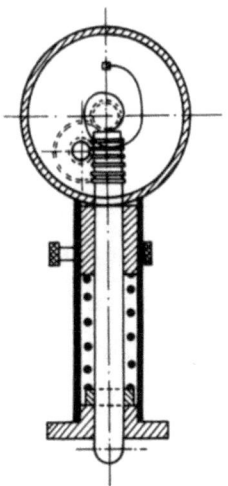

Abbildung 9　　　　　　　　　Abbildung 10
Kugeldruck-Härtemesser　　　Schema des Formhärtemessers
nach Georg FISCHER　　　　　in Abbildung 9

Als Verdichtung wird nach DIN 52 401 die Verringerung des Volumens bezogen auf das Ausgangsvolumen bezeichnet. Die Verdichtung läßt sich nur erreichen, daß der Porenraum verringert wird. Es ist verständlich, ohne auf die dafür bekannten Versuche einzugehen, daß mit zunehmendem spez. Preßdruck der Verdichtungszuwachs sich verkleinern muß, um schließlich überhaupt keine Volumenänderung mehr durch Porenverminderung zuzulassen. Daraus ist ein allgemeiner Verlauf der Verdichtung als Funktion des spezifischen Preßdruckes gem. Diagramm Abbildung 11 vorauszusetzen.

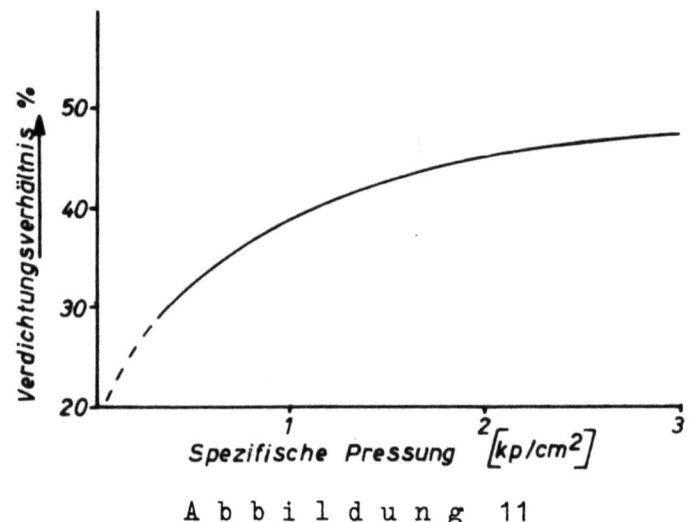

A b b i l d u n g 11

Verdichtungsverhältnis als Funktion des spezifischen Preßdrucks

Schon RODEHÜSER hatte nachgewiesen und FREY bestätigte es, daß ein enger Zusammenhang zwischen Härte und Verdichtung vorhanden ist. Somit ist auch der gleiche, grundlegende Verlauf der Härtekurve als Funktion des spezifischen Preßdruckes anzunehmen. Daraus ist zu folgern, daß die Verdichtung oder der Härteverlauf in einer Form bei höheren Preßdrücken kaum festzulegen sein wird, wenn die üblichen Meßgeräte verwendet würden. Entsprechend ihrer Aufgabenstellung und ihrer Einführungszeit in die Praxis wurden die heute üblichen Härtemesser benutzt, als etwa die nachfolgenden in Tabelle 2 angeführten spezifischen Preßdrücke angewendet wurden.

Sollen nur Formen untersucht werden, die bei Grauguß mit 5 kp/cm^2 gepreßt werden, wie es bei einer Vielzahl von Betriebsmaschinen schon anzutreffen ist, oder 7,5 kp/cm^2, entsprechend dem Verdichten nach dem Membran-Formverfahren, so muß der Arbeitsbereich in den oberen Kurvenast gem. Diagramm Abbildung 11 sich verschieben, so daß kaum erkennbare

Härteunterschiede sich ergeben. Setzt man die bekannte, nicht unerhebliche Streuung des Messens mit ein, da die kleinen Geräte frei von Hand geführt werden, so ist also das Umstellen auf andere Meßbereiche somit eine zwingende Notwendigkeit. Es erscheint daher mehr als geboten, allgemein auf die Kennwertangabe nach Brinell, also auf die Angabe nach in p/mm^2 wieder überzugehen. Dadurch sind die Schwierigkeiten zu vermeiden, die sich durch Anwendung unterschiedlicher Federbelastung sonst ergeben könnten, wenn die Härte-Angabe in Skalenteilen, also in % der gesamten Eindringtiefe, beibehalten wird.

T a b e l l e 2

Bisher übliche spezifische Preßdrücke

Anwendung	spez. Preßdruck [kp/cm^2]
Grauguß	2,5
Stahlguß	4,0
Leichtmetall	2,5
Schwermetall	4,0
GG-Stapelguß	3,0 - 3,5
Nachpressen beim Rütteln	max. 1,5

1.213 Härteverlauf in der Form

Für eine gewünschte und garantierte Güte eines Produktes ist Voraussetzung, daß für ihre Erzeugung eine zweckmäßige Verfahrenstechnik bekannt ist. Für eine Form muß also der richtige Verdichtungsverlauf bekannt sein. Die bisherige Literatur zeigt jedoch, daß hierüber keine einheitlichen Auffassungen vorliegen.

U. LOHSE [15] vertritt die Ansicht, daß die Verdichtung einer Schicht über die ganze Form gleichmäßig sein soll. Sicher soll darunter eine horizontale Schicht verstanden werden. Dann aber ist über den Härteverlauf in senkrechter Richtung nichts ausgesagt. Verwendet man aber die Begründungen der nachfolgenden Hypothesen, so müßte es gleichgültig sein, ob man die Härte und damit die Verdichtung einer Schicht horizontal oder vertikal betrachtet, da die abziehenden Gase der Form sich nach allen Seiten ausbreiten.

RODEHÜSER [16] wünscht eine am Modell möglichst stark verdichtete Form, damit sie dem Treiben standhält. Die Verdichtung soll nach außen abnehmen, um eine größere Gasdurchlässigkeit zu gewährleisten. Zwar entstehen in Modellnähe die meisten Gase, doch nimmt die Gasmenge mit jeder Schicht zu. Außerdem kondensiert ein Teil des verdampften Wassers, das die vorhandenen Kanäle zum Teil verengt. Daher soll der Porenraum und damit die freie Durchtrittsfläche nach außen hin zunehmen.

Die dritte Ansicht vertritt den Standpunkt, daß die Form am Modell am weichsten sein soll, um den entstehenden Gasen ein schnelles Abziehen zu ermöglichen. In den nachfolgenden Schichten könne die Verdichtung zunehmen, da die Oberfläche der folgenden Schalen (vom Modell aus gesehen) zunehme. Somit ist in diesen ein wesentlich größerer Durchtrittsquerschnitt vorhanden, so daß eine höhere Verdichtung und somit ein geringer Porenraum vertretbar ist.

Der Beweis für die richtige Verdichtung scheint bisher durch Versuche noch nicht erbracht zu sein. A. KESSNER [17] vertrat schon 1927 die Auffassung, daß all diese Hypothesen die bekannten praktisch durchgeführten Verfahren auf Formmaschinen nachempfinden. Jede wolle dabei ein bestimmtes Verfahren untermauern, ohne den Nachweis der Richtigkeit zu erbringen.

J. CRONING benutzt interessanterweise vielfach nur Formschalen, ohne daß eine Hinterfüllung nötig ist. Daraus, und in Verbindung mit den Ausführungen und Untersuchungen von RODEHÜSER, ist sicher zu folgern, daß eine Formschale zweckmäßiger Härte nötig ist, bei richtig bemessener Gasdurchlässigkeit. Die Schale hat durch ihre eigene Standfestigkeit die Maßgenauigkeit zu garantieren. Um ihr Ausweichen zu verhindern, ist sie notfalls ausreichend zu stützen, was durch richtig verdichteten Sand erfolgen kann, aber auch durch Metallkügelchen, wie beim CRONING-Verfahren. Der Formrücken muß so fest sein, daß ein Ausfall der Form beim Handhaben, besonders aber beim Wenden, nicht eintreten kann. Aus diesem Grund wird z.B. beim Zementsand-Verfahren auf die lose eingefüllte Hinterfüllmasse aus Altzementsand eine aushärtende Deckschicht als Sicherung gelegt.

Nach RODEHÜSER läßt sich aber durch sein Treibmaß die Verdichtung auf Grund gewünschter Toleranzen an jeder Stelle der Form festlegen. Damit ist der Verdichtungswiderstand das gewünschte Mittel, um eine Form daraufhin zu untersuchen, ob vorgesehene Maße einhaltbar sind.

In der Praxis wird sich eine völlig willkürliche Festlegung von Maßtoleranzen an einem zu gießenden Werkstück nicht durchführen lassen.

Die Formherstellung und hierbei die Verdichtung oder Härte wird nach Gesetzen vor sich gehen, die vom Verdichtungsverfahren der eingesetzten Maschine und den allgemeinen Fertigungsvoraussetzungen abhängen. Bei gleicher Härte der Form, die den Verdichtungswiderstand proportional angenommen werden soll, würde die einhaltbare Toleranz danach mit abnehmender Formteilhöhe linear kleiner werden können.

Aus diesen Überlegungen ist abzuleiten, daß es erforderlich ist, zuerst über den Härte- oder Verdichtungsverlauf bei der Erstellung von Formen grundsätzliche Erkenntnisse zu sammeln. Danach ist zu klären, wie bei einem bestimmten Herstellungsverfahren nun der Härteverlauf zu beeinflussen ist, um schließlich, falls möglich, dann die Arbeitsweise anzuwenden, die die gewünschte Maßgenauigkeit des Gußstückes ergibt.

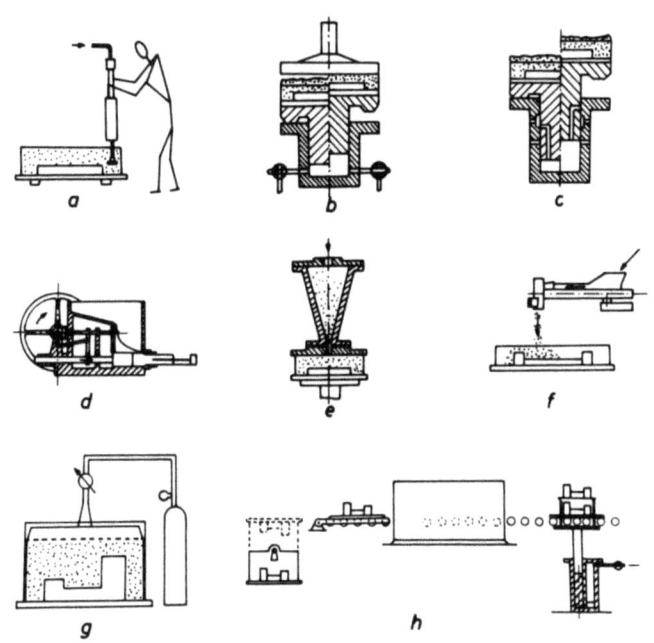

Abbildung 12

Schema der Verdichtungsverfahren

a) Verdichten von Hand
b) Verdichten durch Pressen
c) Verdichten durch Rütteln
d) Schubverdichten mechanisch
e) Schubverdichten (pneumatisch)
f) Verdichten durch Schleudern
g) Verdichten durch Aushärten (CO_2-Verfahren)
h) Verdichten durch Aushärten (CRONING-Verfahren)

Bei den Formmaschinen lassen sich unterscheiden (Schema Abb. 12):

Preßformmaschinen
Rüttelformmaschinen

Schleuderformmaschinen

Maschinen mit Schubverdichtung, die mechanisch oder pneumatisch (Blasen- oder Schießen) arbeiten können

Maschinen und Geräte, bei denen eine gefüllte und/oder verdichtete Form ausgehärtet wird (Zementsandverfahren, CO_2-Verfahren, CRONING-Verfahren.

Beim Pressen und Rütteln können noch Kombinationen auftreten, indem vorgerüttelt und nachgepreßt, unter Preßdruck oder mit Auflast gerüttelt wird. Das Rütteln allein schafft keine ausreichende Härte der Form am Rücken, so daß ein Nachverdichten nötig wird. Dies wird maschinell durch die Kombinationen erreicht.

Das Aushärten und das Erstellen von Formen nach dem Schubverfahren braucht hier nicht diskutiert zu werden. Beim Aushärten wird unter gänzlich anderen Voraussetzungen die ausreichende Festigkeit der Form erzeugt als beim Verdichten grüner Sande. Das Schubverdichten, vornehmlich als Schießen, wird bisher in Europa und in Deutschland noch praktisch nicht für das Formen eingesetzt. Die erstellten Kerne werden gleichfalls ausgehärtet, vielfach durch Trocknen (Brennen), so daß sie gleichfalls nicht in die Betrachtung einzuschließen sind.

Die nachfolgenden Abbildungen 13 bis 17 zeigen den Verdichtungsverlauf in Formen ohne Modell, um sich grundsätzlich ein Bild von der Wirkung der einzelnen Maschinenarten machen zu können.

Die größte Verbreitung besitzt zur Zeit das Arbeiten mit Preß- und Rüttelformmaschinen, da Schleuderformmaschinen für mittelgroße und darüber hinausgehende Formen vornehmlich in Frage kommen. Dazu ist das Erstellen einer Form durch Pressen allein sicher am schnellsten durchzuführen. Daher wurden die angestellten Untersuchungen auf diese Maschinengruppe beschränkt, um in einer weiteren Untersuchung sich mit dem Arbeiten auf Schleuderformmaschinen zu befassen.

Die besondere Schwierigkeit beim Pressen ergibt sich dadurch, daß bei unterschiedlichen Sandhöhen in der Form sich besonders starke Härte-Unterschiede einstellen. W. PATTERSON und E. PIWOWARSKI [18] untersuchten die Formhärte bei stark profiliertem Modell (Abb. 18). HEINE und Mitarbeiter wiesen durch unterschiedliche Sandfärbung in Rechteckform (Abb. 7) nach, daß ein Fließen des Sandes vor sich geht. Da jedoch kein voller Ausgleich der Massen in den einzelnen senkrechten Sandsäulen

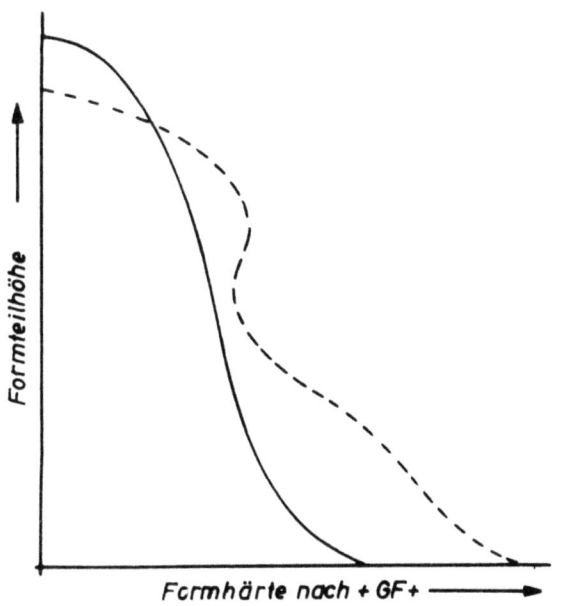

Abbildung 13
Härteverlauf über die Formteilhöhe beim Rütteln

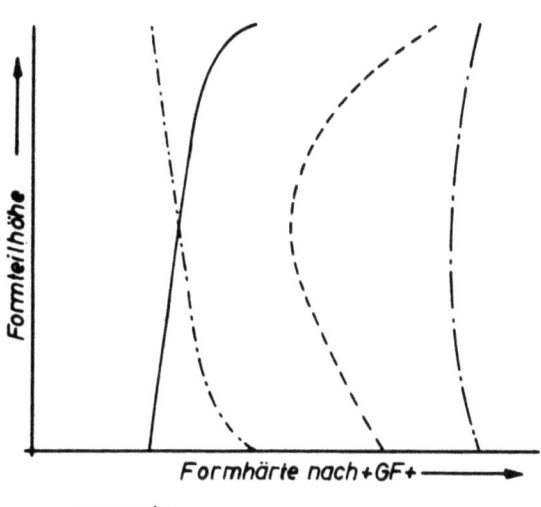

Abbildung 14
Härteverlauf über die Formteilhöhe beim Pressen

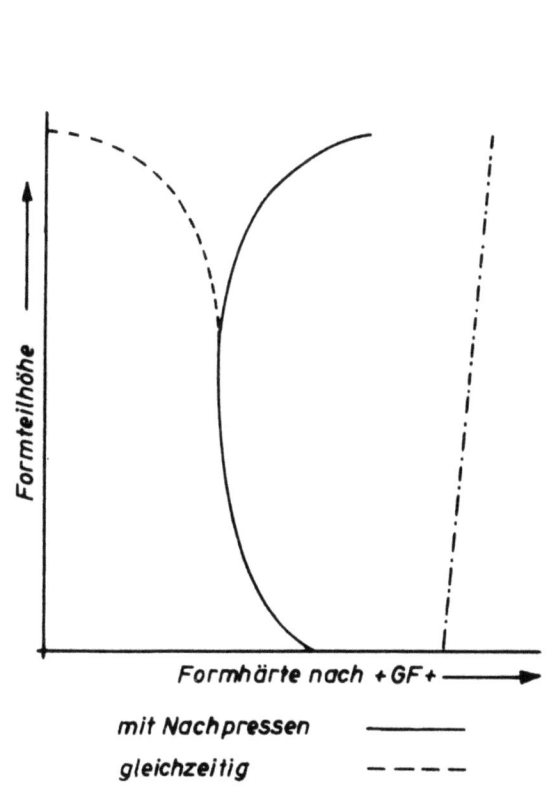

Abbildung 15
Härteverlauf über die Formteilhöhe beim Rütteln und Pressen

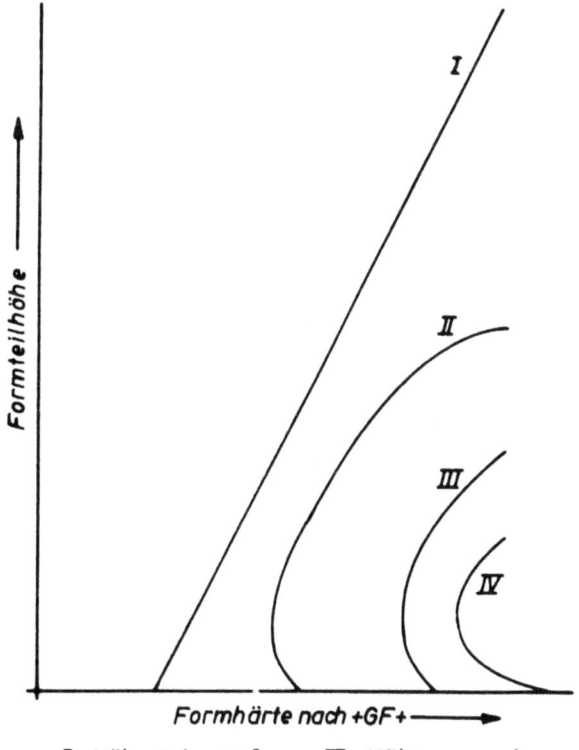

Abbildung 16
Härteverlauf beim Pressen bei unterschiedlicher Formteilhöhe

Seite 23

zu erreichen ist, so ergeben sich die nachzuweisenden Härteunterschiede dadurch, daß sich eine unterschiedliche Verdichtung in jeder einzelnen Sandsäule ergibt, wenn die Formoberfläche eben bleibt.

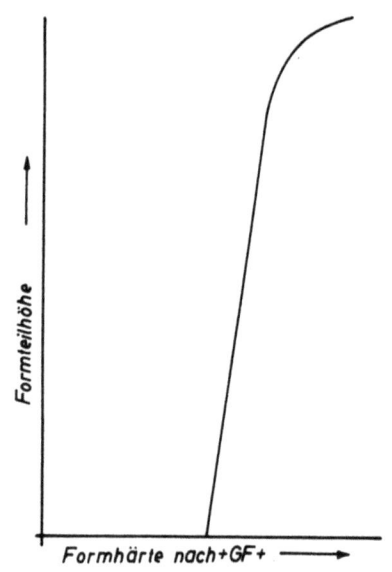

Abbildung 17
Härteverlauf über die Formteilhöhe beim Schleudern

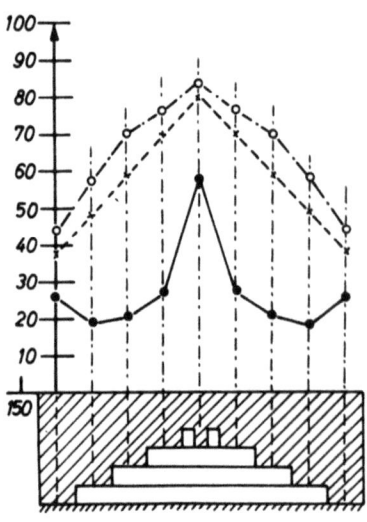

Abbildung 18
Verlauf der Formhärte und Gasdurchlässigkeit bei stark profiliertem Modell nach E. PIWOWARSKY

1.214 Luftverbrauchsmessung an Formmaschinen [5]

Schon RODEHÜSER hatte in seiner Arbeit über die Höhe von Füllrahmen bei Preßmaschinen [19] auf die Möglichkeit verwiesen, daß Formmaschinen indiziert werden können, denn er gibt ein Preßdiagramm an, ohne jedoch daraus Folgerungen zu ziehen. Er definiert also keine Wirkungsgrade und andere Kennwerte, die die Wirkung der Maschine beschreiben und unterschiedliche Maschinen vergleichen lassen. Das Sammeln solcher relativer Zahlen schafft im eigentlichen Sinne erst die Unterlagen, um eine Maschine dann konstruieren zu können. Das heißt, daß die Arbeitsweise und Wirkung im Rahmen der bekannten Möglichkeiten einer Maschinenkonstruktion vorausbestimmbar sind.

Als möglichen Verbrauch gibt RODEHÜSER die Füllmenge des Hubraums in angesaugter Luft an, zu

$$V = F_{Kolb} \cdot s \cdot p_n \quad [m^3 \, aL]$$

Darin bedeuten:

F_{Kolb} = Fläche des Preßkolbens [m²]
s = Gesamtkolbenhub [m]
p_n = Netzdruck [ata]
V = Volumen angesaugte Luft [m³ aL]

Da diese Rechnung nur theoretisch richtig ist, dazu den schädlichen Raum der Maschine unberücksichtigt läßt, so werden die so errechneten Werte kaum als Vergleichsmaß zur Feststellung des Verschleißes der Maschinen herangezogen werden können.

Genauer ist die Formel

$$V = (1 + u) \cdot F_{Kolb} \cdot s (1+\varepsilon) - F_{Kolb} \cdot s \cdot \varepsilon$$

Hierin bedeuten zusätzlich

u = Undichtigkeitsfaktor
$\varepsilon = V_o / V_h$ = schädlicher Raum/Hubraum

RODEHÜSER folgert, daß jede zusätzliche Hubhöhe des Kolbens also den Energiebedarf erheblich heraufsetzt. Da der Gesamthub sich aus dem freien Hub h_f und dem tatsächlich erforderlichen Preßhub h_p zusammensetzt, müsse man den Preßklotz genau über dem Füllrahmen einstellen, so daß dann nur der Preßhub h_p erforderlich wird. Ohne daß er rechnerisch genau die durch zu hohen freien Hub sich ergebene Unkostensteigerung ermittelt, lassen sich aus seinen Zahlenangaben Einsparungen von etwa 35 % der Energiekosten ablesen. Dabei setzt er einen unnötigen freien Hub von der Höhe des Preßhubes an.

Doch geht er bei seinen Überlegungen davon aus, daß praktisch nur "unbegrenzt" gepreßt wird, nämlich daß solange gepreßt wird, "bis der Preßklotz von allein zum Stillstand kommt". In diesem Fall muß der Preßklotz die Möglichkeit haben, unter den Formkastenrand hinunter in das Innere des Kastens hineinzudringen. Er darf also nicht auf dem Kastenrand aufsetzen. Diese Methode, den Preßklotz auf dem Formkastenrand aufsitzen zu lassen, ist jedoch in der Praxis üblich und ist mit "begrenztem Pressen" zu bezeichnen. Den Vorgang zeigt schematisch Abbildung 19. Auf die dabei auftretenden Verhältnisse geht RODEHÜSER nicht ein, so daß sie nachfolgend zu behandeln sein werden.

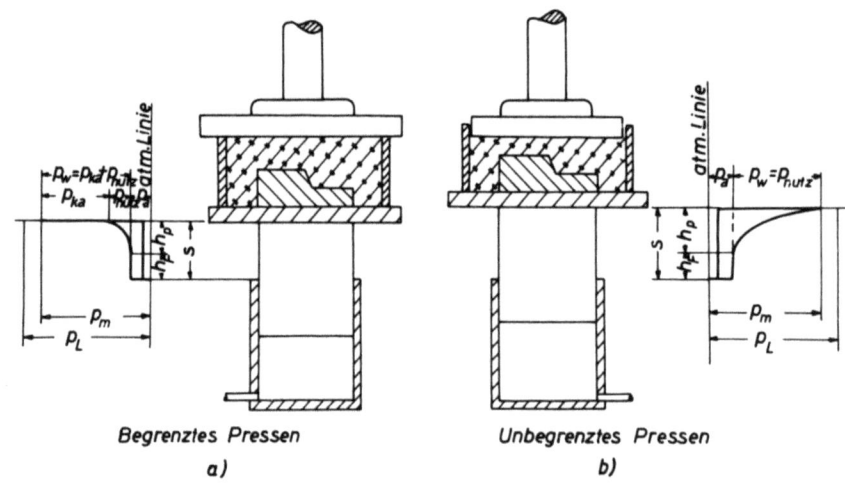

Abbildung 19
a) Begrenztes Pressen, schematisch
b) Unbegrenztes Pressen, schematisch

Es wird sich auch in der Praxis als notwendig erweisen, den Druckluftverbrauch nicht nur theoretisch zu bestimmen, sondern diesen Wert mit dem tatsächlichen Verbrauch im Verhältnis zu setzen. Diese Vergleichszahl kann dann als Maß dafür dienen, in welchem Umfange die Maschine durch Undichtigkeiten u.a. zu hohe Kosten verursacht und nun überholt werden sollte. Sicher wird die Maschine auch im Neuzustand einen Undichtigkeitsfaktor u_o besitzen. Der Vergleich des Undichtigkeitsfaktors bringt aber die Entscheidung für die Zweckmäßigkeit des Überholens. Die Maschinen sind also im Neuzustand zu überprüfen, so daß neben den erforderlichen Abmessungen, wie schädlicher Raum und Kolbendurchmesser auch der Undichtigkeitsfaktor angegeben werden kann. Es ist möglich, daß dieser sich mit dem Hubweg s ändert, so daß eine Charakteristik des Undichtigkeitsfaktors zu ermitteln ist, wie sie nachstehend für eine ältere Maschine gezeigt wird (Abb. 20). Die Verluste sind vom Betriebsdruck abhängig und daher entsprechend aufgetragen.

Es wird nun eine Methode beschrieben, den Verbrauch der Maschine im Betrieb bestimmen zu können, damit die hier vorgeschlagene Überwachung durchgeführt werden kann. Zweckmäßigerweise wird nach der Differenzmethode [5] zu arbeiten sein. Zuerst wird der Verlust der gesamten Anlage ermittelt, um dann den Verbrauch aus Gesamtdurchsatzmenge und Verlust zu bestimmen.

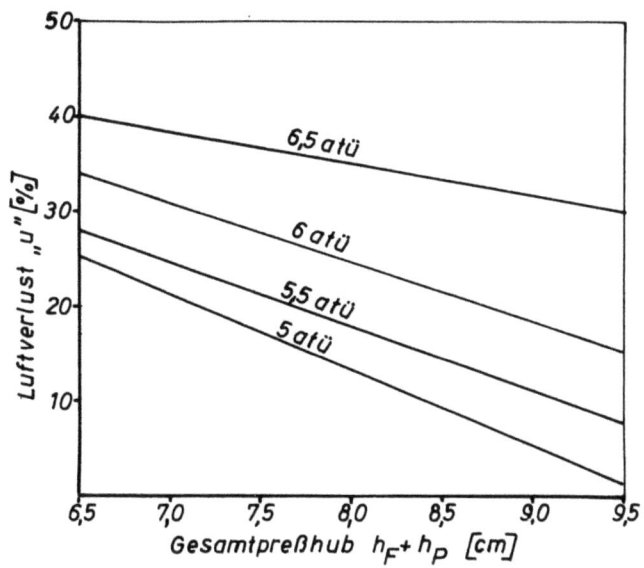

Abbildung 20

Luftverlust als Funktion vom Preßkolbenweg

Zum Messen des Luftbedarfs für die Anlagenverluste V_v [m³ Al] wird das gesamte Netz - alle Verbraucher abgestellt - auf einen gewissen Druck über Betriebs- oder Versuchsdruck aufgepumpt. Dabei soll die Druckdifferenz so niedrig wie möglich gewählt werden, um Fehler klein zu halten. Meist wurden 0,5 atü verwendet. Nun läßt man durch die Leitungsverluste den Netzdruck absinken, bis die gleiche Differenz unterhalb des Versuchsdruckes erreicht ist (Differenzmessung). Die hierfür nötige Zeit t_v ist festzuhalten. Der Leitungsverlust ist zeitabhängig, so daß ein relativer Verlust

$$v_v \ [m^3 \ aL/min] = V_v \ / \ t_v$$

zu ermitteln ist.

Der Berichter hat in seiner angezogenen Veröffentlichung [5] vorausgesetzt, daß die Entspannung isotherm vor sich geht. Schwedische Fachkollegen [2] haben nachgewiesen, daß praktisch adiabatischer Verlauf vorauszusetzen ist, so daß die Meßmenge V_M zu berechnen ist zu

$$V_M = \frac{2}{\varkappa-1} \cdot \frac{V_B(p_m+p_o)^{\frac{3\varkappa-1}{2\varkappa}}}{p_o} \cdot \left[(p_2+p_o)^{\frac{1-\varkappa}{2\varkappa}} - (p_1+p_o)^{\frac{1-\varkappa}{2\varkappa}}\right] m^3 \ aL \ .$$

Darin bedeuten:

V_M = Meßvolumen angesaugte Luft [m³ aL]

$\varkappa = \dfrac{c_p}{c_v} = 1,4$

V_B = Entladevolumen $[m^3]$
(Windkessel + Leitungen)

p_o = atmosp. Druck $[kp/cm^2]$ (= 1 gesetzt)

p_1 = Anfangsdruck $[kp/cm^2]$

p_2 = Enddruck $[kp/cm^2]$

p_m = Betriebs- oder Versuchsdruck
(möglichst $\frac{p_1 + p_2}{2}$) $[kp/cm^2]$

Ist der Verbrauch zeitabhängig, so ist er auf die Verbrauchszeit zu beziehen zu

$$v_{Mt} = V_M/t \quad [m^3 \ aL/min]$$

Wird der Verbrauch auf ein Arbeitsspiel, einen Arbeitsvorgang, z.B. auf das Pressen bei gleichem Hubweg s bezogen, so ergibt sich

$$v_{Mz} = V_M/Z \quad [m^3 \ aL/Spiel]$$

Bei der Versuchsdurchführung sind alle sonstigen Betriebsmittel stillzusetzen. Es muß für die Versuchszeit garantiert sein, daß alle Absperrungen in der gleichen Lage bleiben, bis auf die Betätigungsventile für die zu untersuchende Maschine selbst. Nun wird nach der gleichen Methode dieselbe Druckdifferenz heruntergearbeitet, indem eine Vielzahl von gleichen Arbeitsgängen an derselben Maschine ausgeführt werden, um die Genauigkeit der Untersuchung zu erhöhen. Wieder muß die Versuchszeit t_1 festgehalten werden, da die Anlagenverluste ja zeitabhängig sind.

Dann ergibt sich der Verbrauch je Arbeitsoperation zu

$$v_{Mz} = \frac{V_M - v_v \cdot t_1}{Z} \quad [m^3 \ aL/Spiel]$$

Ist der Liefergrad des Kompressors bekannt, so kann aus der Laufzeit des Kompressors und seiner Ansaugmenge der Verbrauch an angesaugter Luft ermittelt werden, dabei wird die Laufzeit des Kompressors festgestellt, die nötig ist, um die Anlage wieder auf Ausgangszustand zu füllen. Es ist sicher gleichfalls wichtig, den Liefergrad des Kompressors zu überwachen, um seinen Verschleiß und seine Wirtschaftlichkeit zu kontrollieren.

Schließlich wird man von diesen Methoden unabhängig, wenn für die Untersuchung eine Flasche Druckluft zur Verfügung steht. Mit Hilfe des

Reduzierventils wird der Betriebsdruck eingestellt. Die jeweiligen Arbeitsvorgänge an der Maschine werden mehrfach wiederholt. Der Verbrauch kann, sofern man die Druckminderung in Verbindung mit dem Füllvolumen der Flasche nicht allein als Maß der Verbrauchsbestimmung gelten lassen will, durch Differenzwägung der Flasche vor und nach dem Verbrauch bestimmt. Ausreichende Genauigkeit der Waage ist erforderlich.

Die Untersuchungen des Druckluftverbrauchs lassen dann den tatsächlichen Bedarf für eine Form bestimmen. In Verbindung mit der Kostenermittlung für 1 m^3 angesaugte Luft können somit die echten Betriebsmittelkosten bestimmt werden. Meist ist heute auch in Gießereien die Ermittelung der Arbeitszeit durch Zeitstudien üblich, so daß die Vorgabezeiten für Vibrieren und Abblasen bekannt sind. Aus einer Groß-Untersuchung ist schließlich festzustellen, welche Gesamtverluste in einem Druckluftnetz anzunehmen sind. Sie betragen heute um 30 % der erzeugten Menge, also etwa 50 % des tatsächlichen Betriebsmittelverbrauchs.

Für eine ältere Maschine wurden die Werte ermittelt und sollen zeigen, wie als Ergebnis die Verbrauchs- und Kostenwerte bestimmt werden können. Die Abbildungen 21 bis 24 zeigen den Luftverbrauch beim Rütteln, Pressen und für das Abheben, Vibrieren und Abblasen. In Abbildung 21 sind keine effektiven Meßwerte angegeben, denn es sollte nur die Charakteristik des Kurvenverlaufs dargestellt werden, da die Höhenlage sich mit der Auflast ändert. Auch sind die Diagramme für das Rütteln mit Amboßrüttler und auf amboßlosen Rüttlern gleichartig. In Abbildung 25 sind für die Auflast von 30 kp, also für das Gewicht der Modellplatte, des Formkastens und der Sandfüllung, die tatsächlichen Werte angeführt. Unter diesen Bedingungen und für 6 atü Betriebsdruck ergeben sich dann die Verbrauchswerte gemäß Tabelle 3 (s. S. 31).

Unter Anwendung dieser Werte ergeben sich für die Erstellung eines Formteils als Verbrauch und Kosten die in Tabelle 4 angeführten Werte, wenn für die Erstellung der erforderlichen Druckluft 0,035 DM je m^3 angesaugter Luft in Rechnung zu stellen sind. Der angesetzte Wert entstammt einer Kostenanalyse [20] des Netzes einer mittleren Gießerei und schließt die Amortisation mit ein. Der Wert kann heute noch gelten und wurde für einen Strompreis von 0,10 DM/kWh aufgestellt. Als Betriebsdruck wurden am Kompressor meist 7 atü gefahren, so daß dann mit Sicherheit die angesetzten 6 atü an den Maschinen erreichbar sind.

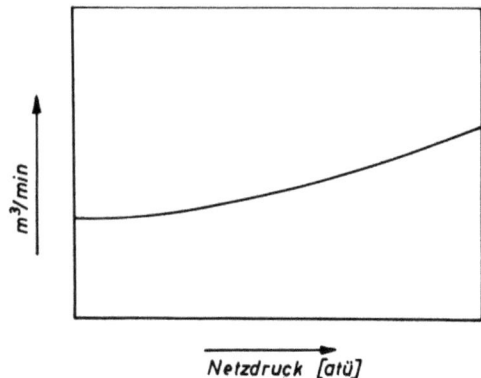

Abbildung 21
Luftverbrauch beim Rütteln als
Funktion vom Netz-Druck
(schematisch)

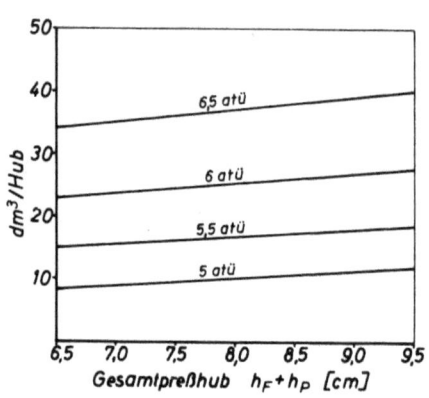

Abbildung 22
Luftverbrauch beim Pressen in
Abhängigkeit vom Preßkolbenweg

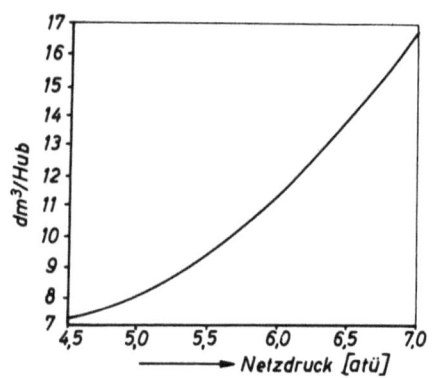

Abbildung 23
Luftverbrauch beim Abheben in
Abhängigkeit vom Druck

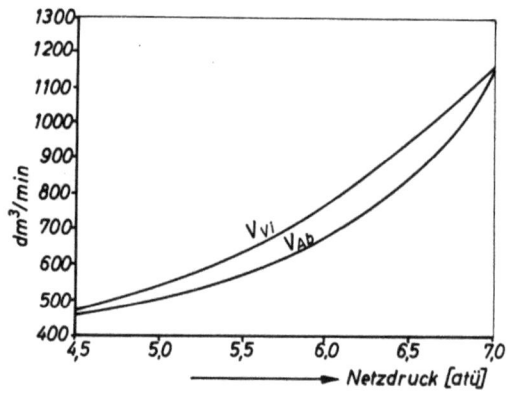

Abbildung 24
Luftverbrauch beim Vibrieren und
Abblasen in Abhängigkeit vom Druck

Sieht man von einer möglichen Verkürzung der Bedienungszeit ab, so weist allein die Kostenaufstellung aus, daß es sich lohnt, stets die Frage zu prüfen, ob eine Form nicht durch Pressen allein erstellbar wird. Dies ist ein Grund mehr, sich der dieser Arbeit zugrunde liegenden Fragestellung zu widmen.

Legt man die nachstehenden Zahlen in Tabelle 5 für den Zeitbedarf zum Erstellen derselben Form nach den vier Verdichtungsverfahren zugrunde, dann ist es in noch größerem Umfange sinnvoll, nur zu pressen oder die Formen durch Rütteln unter Preßdruck herzustellen. Es brauchen danach nur 75 % der Amortisationskosten und Löhne angesetzt zu werden, wobei noch zu berücksichtigen ist, daß reine Preßmaschinen in der Anschaffung billiger als Rüttel-Preßformmaschinen sind.

<u>T a b e l l e 3</u>

Druckluftverbrauch der Einzel-Operationen beim Erstellen einer Form
(Auflast 30 kp, Betriebsdruck 6 atü)

Zeile	Arbeitsoperation	Verbrauch dm^3 aL
1a	Rütteln 15 sec (Amboßrüttler)	640
1b	Rütteln 15 sec (amboßl. Rüttler)	410
1c	Rütteln unter Preßdruck 15 sec	640
2	Pressen (s - 60 mm)	50
3	Vibrieren 10 sec	130
4	Abblasen 10 sec	113
5	Abheben	12

<u>T a b e l l e 4</u>

Druckluftverbrauch und Kosten
für die Erstellung eines Formteils

Herstellungsverfahren der Form	Arbeitsgänge gem.Tab.2	Theor. Verbrauch dm^3 AL	Prakt.Verbr. = 1,5 x theor. Verbr. dm^3 aL	Prakt. Kosten Dpf/ Formt.	Verbr.u. Kosten vom Pressen %
Rütteln und Nachpressen (Amboß)	1a, 2-5	945	1420	4,97	312
Rütteln und Nachpressen (amb.los)	1b, 2-5	715	1072	3,75	234
Rütteln unter Preßdruck	1c, 3-5	895	1340	4,69	294
Pressen	2 - 5	305	458	1,60	100

Tabelle 5

Zeitaufnahme des Erstellens eines Formteils

Einzeloperation		Reines Pressen und Rütteln unter Preßdruck +) t_m [sec]	Rütteln u. Nachpressen, Amboßrüttler und amboßloser Rüttler t_m [sec]
1	Kasten von Rollenbahn nehmen, Kasten u. Füllrahmen aufsetzen	8,1	8,1
2	Sand sieben und einschaufeln	41,7	41,7
3	Rütteln	-	15,0
4	Sand nachfüllen	-	10,3
5	Preßholm einschwenken	2,8	2,8
6	Pressen	10,0	10,0
7	Preßholm ausschwenken und Füllrahmen abnehmen	3,2	3,2
8	Kasten abheben	4,1	4,1
9	Kasten auf Rollenbahn tragen	5,9	5,9
10	Modellplatte abblasen	7,9	7,9
11	Modell einstauben	3,4	3,4
12	mittlere Arbeitszeit t_m	87,1 = 100 %	112,4 = 130 %

+) Mittelwert aus 20 Messungen

Formteil 350 x 350 x 100 mm
Füllrahmenhöhe h = 35 mm
Modell: 250 x 200 x 40

Die Versuche wurden auf einer Maschine ausgeführt, die es zuläßt, bei sonst gleichen Bauabmessungen alle drei Rüttelverfahren durchzuführen. Um aboßlos zu arbeiten, wird an Stelle der Feder (Abb. 26) ein starrer Ring zwischen Rücken des Preßzylinders und Amboß gesetzt. Nur unter diesen Bedingungen ist nach Ansicht des Berichters überhaupt ein

Vergleich der verschiedenen Verfahren möglich. Es handelt sich also stets um die gleiche Maschinenausführung.

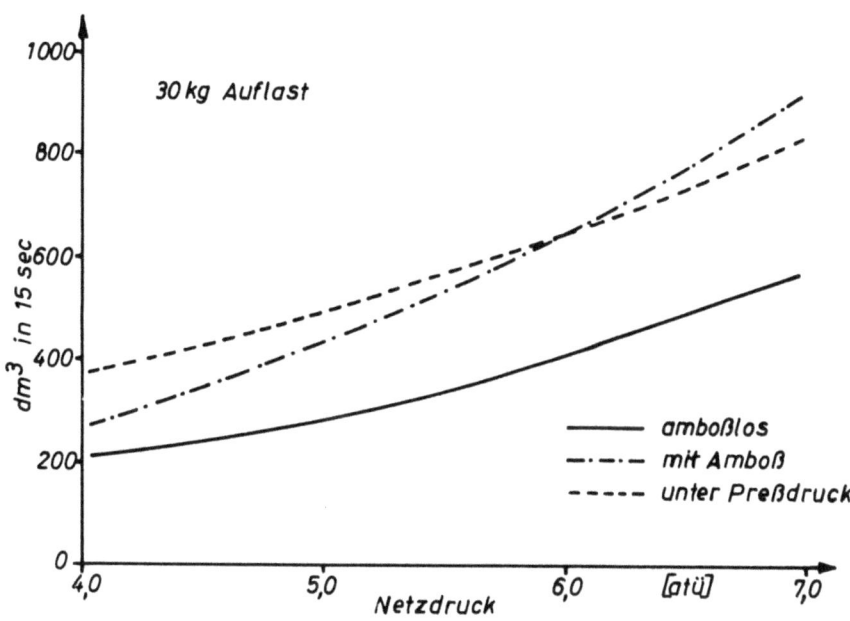

A b b i l d u n g 25
Luftverbrauch beim Rütteln mit 30 kg Auflast
in Abhängigkeit vom Druck

1.215 Wirkungsgrade von Preßformmaschinen [21], [5]

Es ist eigentlich selbstverständlich, daß aus Indikatordiagrammen und Verbrauchsmessungen neben den absoluten Werten auch relative Vergleichsgrößen ermittelt werden. Jedoch wurden diese trotz der Anregung von RODEHÜSER nicht einmal von N.P. und P.N. AKSJONOW [4] errechnet, zumal russische Forscher gern mathematisch-technischen Zusammenhängen nachgehen. Auch haben beide Forscher für Rüttel-Formmaschinen Charakteristiken erarbeitet, so daß gerade darum es verständlich wäre, wenn sie sich der Ermittelung von Wirkungsgraden angenommen hätten.

Abbildung 27 zeigt schematisiert ein Indikator-Diagramm [21] für unbegrenztes Pressen, Abbildung 28 für begrenztes Pressen. Entsprechend den Definitionen des allgemeinen Maschinenbaus lassen sich nun die bekannten Wirkungsgrade definieren.

Der wirtschaftliche Wirkungsgrad

$$\eta_w = \frac{\text{Nutzarbeit}}{\text{aufgewendete Arbeit}}$$

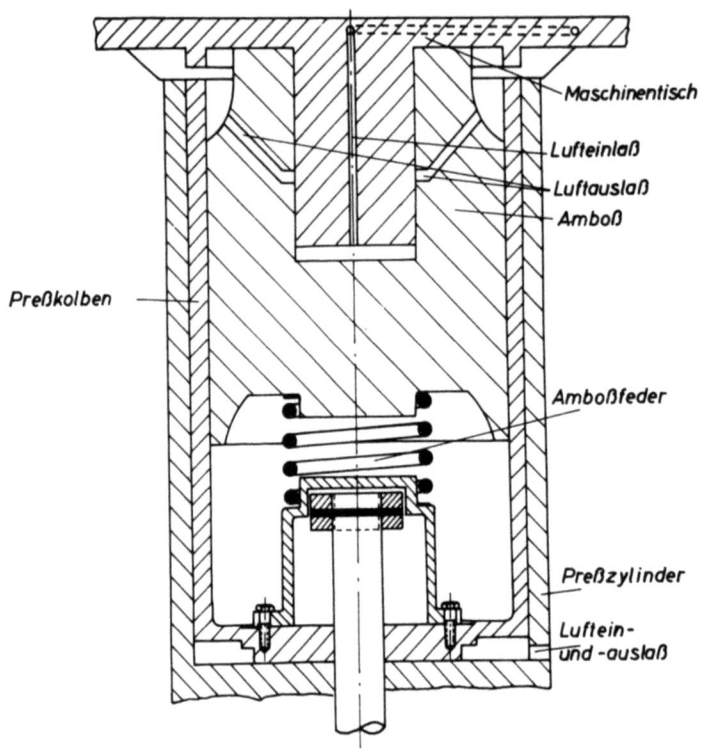

Abbildung 26
Schema einer Preßrüttelformmaschine
(Amboßrüttler und amboßloser Rüttler)

wobei als Nutzarbeit die Flächen F 3 in den Diagrammen Abbildung 27/28 auszuwerten sind. Die aufgewendete Arbeit ist aus dem ermessenen Druckluftverbrauch zu bestimmen. Zur Umrechnung der aufgewendeten Druckluft in physikalische Arbeitseinheiten (kWh oder mkp) seien zur Vereinfachung die Energiebedarfszahlen gemäß Hütte IIa S. 632 Tabelle 4-Zeile: "Arbeitsverbrauch bei elektrischem Antrieb je 10 m^3 Ansaugvolumen" und die weiteren dazugehörigen Zahlenwerte herangezogen. In der Regel wird in der Gießerei-Industrie die Druckluft über E-Antrieb erzeugt, so daß diese Zahlen als gute Grundlagen für Vergleiche dienen können.

Der thermische (oder theoretische) Wirkungsgrad ist zur Zeit noch nicht zu definieren. Zwar kann in den praktischen Diagrammen die freie Hubarbeit vernachlässigt werden. Auch können das Heben des Tisches, die dabei auftretende Reibung und die sich daraus ergebende Verlustarbeit eleminiert werden. Jedoch ist es nach Ansicht des Berichters unklar, nach welchem Gesetz die Verdichtung des Sandes selbst erfolgt. Wäre dieses Gesetz angebbar, so wäre die theoretische Verdichtungsarbeit zu bestimmen und damit der theoretische Wirkungsgrad. Als aufgewendete

Arbeit wäre dann die theoretische Arbeit einzusetzen. Diese ist aus der Druckluftmenge zu bestimmen, die nötig ist, um das Hubvolumen des Preßzylinders mit Luft von dem Druck p_{nutz} (p_{nutz} = in diesem Fall somit p_{masch}) zu füllen, der gerade zum Pressen erforderlich ist.

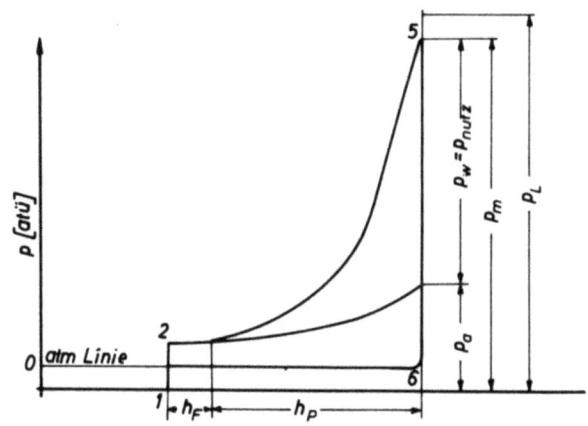

Abbildung 27
Indikatordiagramm beim unbegrenzten Pressen

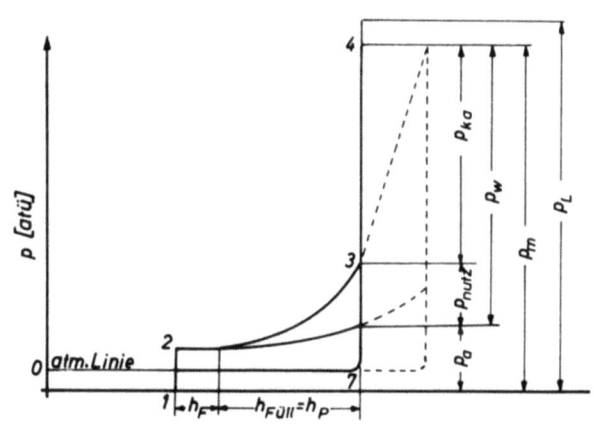

Abbildung 28
Indikatordiagramm beim begrenzten Pressen

Dabei soll die Druckluft durch adiabatische Verdichtung erzeugt worden sein. Das Diagramm Abbildung 29 gibt hierfür die nötigen Werte für die dann erforderliche aufzuwendende Arbeit [21].

Die beiden russischen Forscher AKSJONOW haben zwar versucht, eine Formel für den Verlauf der Verdichtungskurve aufzustellen. Jedoch scheinen sich die dort gemachten Angaben mit den Versuchsergebnissen des Berichters nicht in Einklang bringen zu lassen. Daher wird eine theoretische Verdichtungskurve nicht zur Diskussion gestellt.

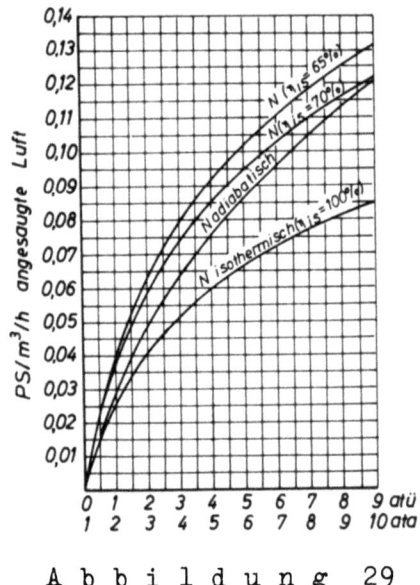

Abbildung 29

Theoretische und wirkliche Kompressor-Antriebsleistung

Um aber einen Anhalt dafür zu haben, in welcher Größenordnung der thermische Wirkungsgrad unter den oben angeführten Bedingungen liegen kann, sei angenommen, daß die praktische Verdichtungskurve nur unwesentlich von der theoretischen abweicht, so daß die praktische Nutzarbeit mit der theoretischen gleichzusetzen ist. Die Abbildung 30 zeigt ein praktisches Preßdiagramm [23], Abbildung 31 die hier nötige Aufteilung in Reib- und Nutzarbeitsfläche, und den Anteil der Nutzfläche, der durch den freien Hub und die Anfahrbeschleunigung entsteht. Dieser ist von der Nutzarbeitsfläche abzuziehen.

Die Auswertung ergibt:

Diagrammfläche $F_D = (F_1 + F_2 + F_3 + F_4)$	=	410 mm^2
Diagrammlänge	=	53 mm
mittlerer Druck $p_m = F_D/\cdot s \cdot f$ = 410/53·10	=	0,77 at
Federmaßstab f	=	10 mm/at
Indizierte Arbeit $A_i = p_m \cdot F_{Kolb} \cdot s$ = 0,77·618·0,053	=	25,3 mkp
Reibarbeitsfläche $F_R = F_1 + F_2$ (Bestimmung siehe [20])	=	65 mm^2
Zusatz-Arbeitsfläche F_4	=	42 mm^2
Nutz-Pressung p_n	=	5,5 - 0,7 at = 4,8 at

theor. Hubvolumen = $F_{kolb} \cdot s = V_H$ = 2,96 dm³
= 6,18 · 0,53

theor. Ansaugvolumen = $V_H \cdot (P_{nutz}+1)$ = 17,25 dm³ aL.
= 2,96 · 5,8

Adiabatische Verdichtungsarbeit (allg) = 0,085 PSh/m³ aL

gem. Diagramm (Abb. 29) für 4,8 atü = 22 950 PSh/m³ aL

Adiab. Verdichtungsarbeit beim Pressen
22 950 · 0,01725 = 396 mkp

theoretische Nutzarbeitsfläche

$F_{th} = F_D - F_R - F_4$ = 304 mm²

theoretische Nutzarbeit

$A_{th} = \dfrac{F_3}{F_D} \cdot A_i = \dfrac{306}{410} \cdot 25,3$ = 18,9 mkp

Daraus läßt sich etwa der thermische Wirkungsgrad abschätzen zu

$\eta_{th} = \dfrac{A_{th}}{A_{ad}} = \dfrac{18,9}{396} \cdot 100\,\%$ 4,8 %

Der mechanische Wirkungsgrad ergibt sich zu:

$$\eta_m = \dfrac{F_D - F_R}{F_D} = \dfrac{410 - 65}{410} \cdot 100 = 84\,\%.$$

Dieser Wert entspricht bekannten und üblichen Werten des Maschinenbaus, wenn man bedenkt, daß die untersuchte Maschine älteren Datums war.

Der wirtschaftliche Wirkungsgrad unter der Voraussetzung, daß der Betriebs- und damit der Netzdruck 6 atü betrug, ergäbe sich zu

$$\eta_w = \dfrac{A_{Nutz}}{A_{Kompressor}}$$

Gemäß Hütte IIa wurden C = 1,1 kWh/10 m³ aL benötigt, um die Luft auf 7 atü zu verdichten bei 2stufigen Kolbenkompressor von 150 m³/h Ansaugleistung.

Die Maschine brauchte einschließlich der Leitungsverluste V_A = 50 l angesaugte Luft auf Grund einer Messung.

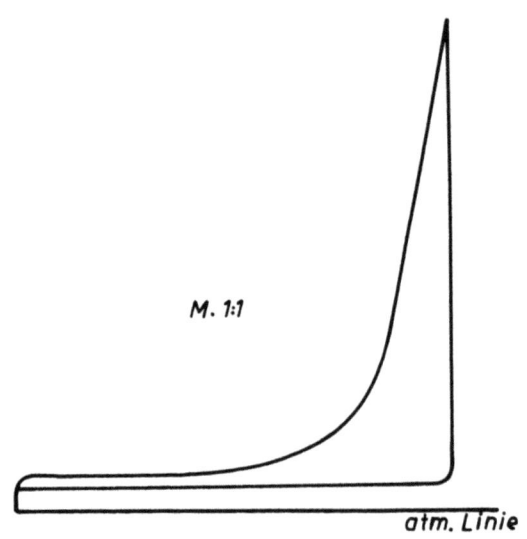

Indikatordiagramm beim Pressen

Abbildung 30

Praktisches Indikatordiagramm

B = 210 kp	G_A = 20 kp	p_L = 7 ata
f = 10 mm/at	h_f = 7 mm	h_p = 46 mm
h_{Fo} = 100 mm	reine Preßzeit 10 sec	

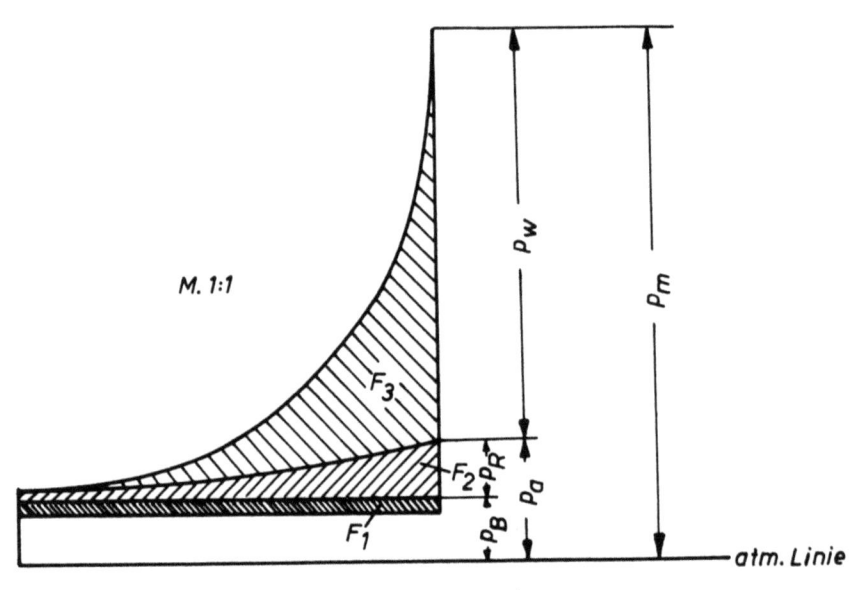

Abbildung 31

Aufteilung der Fläche des Diagrammes von Abbildung 30

Somit ist

$$\eta_w = \frac{A_i \cdot \eta_m}{V_A \cdot \frac{c}{10} \cdot 427 \cdot 860} \cdot 100 \ \%$$

$$\eta_w = \frac{25{,}3 \cdot 0{,}84 \cdot 100}{0{,}05 \cdot 0{,}11 \cdot 427 \cdot 860}$$

$$\eta_w = \underline{1{,}05 \ \%}$$

Üblich wird noch der Gütegrad η_g definiert. Es ist

$$\eta_w = \eta_{th} \cdot \eta_g \cdot \eta_m$$

Auch hier soll nur ein Abschätzen vorgenommen werden, indem η_g aus der obigen Gleichung ermittelt wird

$$\eta_g = \frac{\eta_w}{\eta_{th} \cdot \eta_m} = \frac{0{,}0105}{0{,}048 \cdot 0{,}84} = \frac{1050}{48\text{-}84} = 0{,}26 = 26 \ \%$$

Diese Werte lassen gütemäßig, vielleicht als Überblick, das Sandverdichten durch Pressen mit Druckluft in die anderen maschinentechnischen Verfahren einordnen.

1.216 Kraftgleichung der Preßformmaschinen [5]

Wichtiger für die Praxis ist das Auswerten der Kraftverhältnisse, da hieraus konstruktive Richtlinien ableitbar sind. Der Antrieb durch Druckluft ist in bekannter Weise teuer und wird meist als unabänderbar hingenommen. Wohingegen die Wirkung der Maschinen für den praktischen Einsatz stärker diskutiert werden muß.

$$P_{Gesamt} = p_{masch} \cdot F_{Kolb} = p_{spez} \cdot F_{Fo} + B + R$$

p_{spez} = Preßdruck an der Form-Oberfläche $[kp/cm^2]$

F_{Fo} = Fläche des Formteils $[cm^2]$

h_{Fo} = Höhe der Form $[cm]$

B = Betriebsgewicht $[kp]$

 = $G_{Eigen} + G_{Modell} + G_{Sand} + G_{Kasten}$

R = Reibkraft [Kp]

p_{masch} = Wirkdruck der Maschine [atü]

Setzt man die Reibung gemäß Erfahrung mit ungefähr $1,1 \cdot B$ an, $G_{Kasten} + G_{Sand} \sim 1,2 \cdot F_{Fo} \cdot h_{Fo} \cdot \gamma \cdot 10^{-3}$, so erhält man

$$p_{masch} \cdot F_{Kolb} = p_{spez} \cdot F_{Fo} + 2(G_E + G_M) + 2 \cdot F_{Fo} \cdot h_{Fo} \cdot 10^{-3}$$

damit wird

$$p_{spez} = \frac{p_{masch} \cdot F_{Kolb} - 2(G_E + G_M)}{F_{Fo}} - 0,002 \cdot h_{Fo}$$

(Bei Manschettendichtung ist für die Reibung $\sim B$, bei Kolbenringdichtung $\sim 0,1\ B$ zu nehmen.)

Danach ist der Einfluß der Formteilhöhe auf den erreichbaren Preßdruck zu vernachlässigen. Aus dieser Formel kann bei bekannter Maschine und bekanntem oder einzustellendem Maschinendruck die erreichbare Pressung bestimmt werden. Bei veränderlichen Formteilabmessungen läßt sich daraus ablesen, daß die erreichte Pressung der Formteilfläche umgekehrt proportional ist. Da z.B. auf einer Maschine Formen von $350 \times 400\ mm^2$ und $400 \times 500\ mm^2$ hergestellt werden, so ist das Verhältnis der Flächen 1,4 : 2, damit das Verhältnis der erreichten Pressung 2 : 1,4. Die Maschine muß also so gebaut sein, daß sie bei größter Formteilabmessung noch den gewünschten Preßdruck, z.B. $2\ kp/cm^2$ liefert. Dann aber wird der Druck bei kleinster Formteilgröße $2 \cdot 2/1,4 = 2,85\ kp/cm^2$, also etwa 1,5mal so groß. In gleichem Sinne wirkt sich nun aber negativ eine vielleicht betrieblich übergroß gewählte Formteilfläche aus. Er läßt sich nach diesen Überlegungen die Formteilgröße angeben, die auf dieser Maschine z.B. für Stahlguß mit notwendiger höherer Pressung eingesetzt werden kann. Weiter läßt sich bei bekannter größter Formteilabmessung der niedrigste Leitungsdruck festlegen, bis zu dem ein gießtechnisch ausreichendes Verdichten noch erreicht wird. Die Gleichung ist damit die Grundgleichung, um die Abmessungen einer Preßformmaschine zu bestimmen. Wird nun der Leitungsdruck größer als der Mindestdruck und die Formteilfläche kleiner als die größtzulässige, dann steigt der erreichbare Preßdruck aus diesen beiden Gründen gleichzeitig an. Da von verschiedener Seite betont wird, daß stets gleiche Betriebsverhältnisse zum sicheren Erreichen eines guten Abgusses notwendig sind, so müßte die Steuerung einer Preßmaschine so ausgebildet werden, daß der Preßdruck je cm² Formteilfläche, unabhängig von der sich ändernden Formteilfläche und dem veränderlichen Netzdruck im Preßluftnetz, stets gleich bleibt. Dies ist außerdem nötig, um das Betriebsmittel möglichst günstig auszunutzen. Dies wird später noch eingehend auszuführen sein.

Diese Feststellung traf zum Teil schon RODEHÜSER. Bis heute wird jedoch praktisch noch keine Folgerung aus diesen Tatsachen gezogen. Für den Preßvorgang in der Maschine ist es wichtig, die Drucknutzung zu kennen. Sie bestimmt die Dimensionierung der Maschine weitgehend mit und ist das konstruktive Gütemaß von den ausnutzbaren Kräften her. Sie muß als Erfahrungswert vorliegen oder abgeschätzt werden. Es wird definiert (vgl. Bezeichnung Diagramm Abb. 27/28):

Leitungs-Drucknutzung

$$a_L = \frac{p_{masch}}{p_{Leitung}} = \frac{p_m}{p_L}$$

Dieser Kennwert gibt die Leitungs- und Drosselverluste in den Steuerorganen an. Er kann mit 0,95 bis 0,9 angenommen werden.

Maschinen-Drucknutzung

$$a_m = \frac{p_{wirk}}{p_{masch}} = \frac{p_w}{p_m} = \frac{p_m - (B+R)}{p_m} = 1 - \frac{p_a}{p_m}$$

$$= 1 - \frac{p_a}{a_L \cdot p_L} = \frac{p_{spez} \frac{F_{Fo}}{F_{Ko}}}{a_L \cdot p_L - p_a}$$

Es wird deutlich sichtbar, daß hier die konstruktive Güte durch den Ausdruck $\frac{p_a}{p_m}$ gegeben ist. Hier aber liegt die Möglichkeit, die Ausnutzbarkeit der Maschine zu beeinflussen. (Leichte Preßkolben, hoher Wirkungsgrad, geringe Reibung.)

Wirk-Drucknutzung

$$a_w = \frac{p_{nutz}}{p_{wirk}} = \frac{p_n}{p_w} = \frac{p_{spez} \frac{F_{Fo}}{F_{Ko}}}{a_L \cdot p_m \cdot a_m}$$

Dieser Wert ist für den Betriebsmann entscheidend. Er sollte versuchen, stets so zu fahren, daß $p_w = p_n$ ist. Mit pneumatischem Antrieb und ohne

Druckminderventile ist das nicht möglich. Weiter lassen sich aus der Diskussion dieses Wertes (siehe begrenztes Pressen Abschnitt 1.3) Folgerungen für die Entwicklung dieser Maschinenart ziehen.

Gesamt-Drucknutzung

$$a_g = \frac{p_{nutz}}{p_{Leitung}} = \frac{p_n}{p_L} = \frac{p_{spez} \frac{F_{Fo}}{F_{Ko}}}{p_L}$$

$$a_g = a_L \cdot a_m \cdot a_w$$

Die angeführten Werte sind nachstehend für eine untersuchte Maschine zusammengestellt:

F_{Ko} = 618 cm²

B = 190 kg

R = 190 kp (am Ende bei p_m = 5,5 atü; Manschettendichtung)

F_{Fo} = 1 440 cm²

p_L = 6 atü

p_m = 5,5 atü

$p_a = \frac{B+R}{F_{Ko}} = \frac{380}{618} = 0,62$ kp/cm²

p_{spez} = 2 K_p/cm²

$p_n = p_{spez} \cdot \frac{F_{Fo}}{F_{Ko}} = \frac{2 \cdot 1\,440}{618} = 4,68$ kp/cm²

$p_w = p_m - p_a = 5,5 - 0,62 = 4,88$ kp/cm²

$p_w - p_n$ = 4,88 - 4,68 = 0,2 kp/cm² (fast unbegrenzt gepreßt)

Danach werden:

Leitungsdrucknutzung: $a_L = \frac{p_n}{p_L} = \frac{5,5}{6} = \underline{0,92}$

Maschinen-Drucknutzung: $a_m = 1 - \frac{p_a}{p_m} = 1 - \frac{0,62}{5,5} = 1 - 0,112 = \underline{0,89}$

__Wirkdrucknutzung:__ $\quad a_w = \dfrac{p_n}{p_w} = \dfrac{4,68}{4,88} = \underline{0,98}$

__Gesamt-Drucknutzung:__ $\quad a_g = \dfrac{p_n}{p_L} = \dfrac{4,68}{6} = \underline{0,8}$

Diese Werte werden sich während der Lebensdauer der Maschinen ändern. Die Netzdruckausnutzung geht durch erhöhte Drosselverluste und durch Undichtigkeiten zurück, der Druckaufwand für den Betrieb der Maschinen p_a wird durch erhöhte Reibung sich vergrößern. Somit sinkt dann die Maschinendrucknutzung erheblich, da

$$a_m = 1 - \frac{p_a}{p_m}$$

und in diesem Ausdruck p_a sich vergrößert und gleichzeitig p_m kleiner wird.

1.3 Begrenztes Pressen

Aus der Kraftgleichung für Preßformmaschinen ist ablesbar, daß bei konstanten Betriebsverhältnissen, vornehmlich also des Druckes im Leitungsnetz der Luft, die erreichbare Wirkkraft konstant ist. Aus den angeführten Fertigungsgründen ist sogar zu fordern, daß die Betriebsverhältnisse mit Sicherheit konstant gehalten werden. Es würde sich empfehlen, vor jede Maschine ein Reduzierventil einzubauen, um den Druck an der Maschine "p_m" konstant zu halten.

Wird unbegrenzt gepreßt, so ändert sich reziprok zur Formteilfläche der spezifische Preßdruck. Somit wird, z.B. gemäß Abbildung 32, für $p_{spez} = 2$ kp/cm^2 eine Verdichtung von 37 % erreicht, wenn von 100 mm Gesamtformteilhöhe ($h_o = h_{Fo} + h_{Füll}$) ausgegangen wird. Wird die Formteilfläche auf die Hälfte verringert, somit der Druck auf das Doppelte gesteigert, so ergibt sich eine Verdichtung von 42 %. Wollte man dies durch entsprechende Füllrahmenhöhen erreichen, dann müßte - Modelle im Kasten zur Vereinfachung nicht vorhanden - bei 100 mm Formteilhöhe bei 37 % Verdichtung ($h_{Fo} = 63$ % von $h_o = h_{Fo} + h_{Füll}$) ein Rahmen von 58 mm, im zweiten Fall ein solcher von 72 mm verwendet werden. Jedoch wäre dann die Endhöhe der Form jeweils 100 mm. Der spez. Preßdruck müßte gemäß Abbildung 32 bei 37 % Verdichtung aber schon 4 kp/cm^2 betragen. Für 42 % Verdichtung wären danach mehr als 7 kp/cm^2 erforderlich.

Bei der Aufnahme der dabei sich ergebenden Indikatordiagramme Abbildung 33 tritt nur eine Dehnung der Abszissen ein, sobald der freie Hub h_f überwunden ist. Eine Änderung der Drucknutzung ergibt sich nicht. Die Wirkungsgrade ändern sich unwesentlich, da der Flächenteil der Reibarbeit über dem freien Hub nicht mit gestreckt wird. Läßt man bei der Berechnung der Wirkungsgrade den Arbeitsaufwand für den freien Hub fort, so sind auch die Wirkungsgrade gleich.

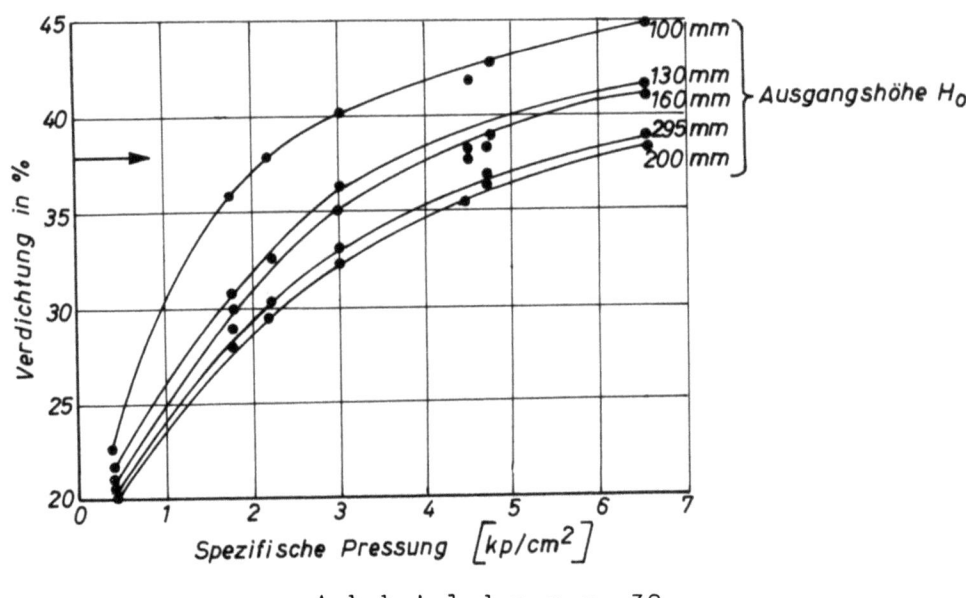

A b b i l d u n g 32

Verdichtung in Abhängigkeit vom spezifischen Preßdruck

Durch Änderung der Formteilfläche ist also die spezifische Pressung den Erfordernissen der Produktion anzupassen. Bei gegebener Maschine, eingestelltem Maschinendruck p_m und gewünschter Formteilfäche ergibt sich eine festliegende spez. Pressung p_{spez}, die ihrerseits wieder eine mittlere Verdichtung verursacht. Diese hängt jedoch gemäß Abbildung 32 zusätzlich von der Formteilhöhe ab. Entsprechend den Ausführungen zu Abschnitt 1.213 ist daraus jedoch die Härte der Form nicht festlegbar. Aus der mittleren Verdichtung läßt sich nur eine mittlere Härte bei bekanntem Sand angeben. Die spezielle Verteilung aber hängt von der Gestalt des Modells ab, genauer von der über jeder Modellstelle zu verdichtenden Sandsäule und dem Fließen dieser Teilsäulen in horizontaler Richtung.

Die Ermittlung der erforderlichen Füllrahmenhöhen ist in gleicher Weise vorzunehmen, nur daß die Volumina ins Verhältnis gesetzt werden müssen, um das Volumen der Aufsatzmenge zu bestimmen und aus ihr die Füllrahmenhöhe.

Die obere Grenze für das Volumen eines Modells, das in ein Formteil einzuformen ist, kann mit etwa 1/3,6 des Formteilvolumens für das Unterteil und mit 1/5 des Oberteils angesetzt werden. Die Grenzen nach unten sind frei und richten sich nach Betriebsnotwendigkeiten (z.B. vorhandenem Formkastenpark u.a.). Legt man diese Angabe zugrunde, so wird bei 2 kp/cm^2 spezifischer Pressung sich eine Verdichtung von 31 % einstellen in Verbindung mit Schätzungen gemäß Abbildung 32. Bei einer Formteilfläche von Fo = 440 cm^2 und einer Formteilhöhe h_{Fo} von 10 cm füllt das Modell davon 1/3,6, der Sand somit (2,6/3,6) · 1 440 · 10 cm^3 = 1 0400 cm^3. Dies sind 69 % des Ausgangsvolumens, also 10 400 · 100/69 = 15.000 cm^3. Danach ist die Volumenabnahme 4 600 cm^3. Somit ist eine Füllrahmenhöhe von 4 600/1 440 = 3,2 cm erforderlich. Besonders zu beachten ist dabei, daß für den anderen Grenzfall, für das Formteil ohne Modell, ein Füllrahmen von 5,8 cm nötig ist. Selbst also bei gleicher spezifischer Pressung und gleichen äußeren Formteilabmessungen schwanken die Füllrahmenhöhen im Verhältnis 3 : 4. Würde versehentlich mit dem Füllrahmen mit 58 mm in diesem Fall gepreßt werden, so ergäbe sich bei gleichem Modellvolumen eine mittlere Verdichtung von 44,3 %, was bereits einen spezifischen Preßdruck von mehr als 6 kp/cm^2 erfordern würde, wenn als Endhöhe 100 mm erreicht werden sollen.

Die Erhöhung des Rahmens von 32,0 auf 58 mm ergibt eine Volumenvergrößerung von 2,4 bis 1 440 cm^3 auf insgesamt 18 700 cm^3. Diese müssen auf 10 400 cm^3 verdichtet werden, so daß damit die Verdichtung

$$V/Vo = 8\ 300 / 18\ 400 = 44,3 \%$$

beträgt.

Diese scheinbar unbedeutende Erhöhung des Füllrahmens bedingt schon die Steigerung des spezifischen Preßdruckes auf das 3fache. Wollte man durch diese Minderung der Formfläche die gleiche Wirkung bei somit gleichen relativen Verhältnissen erreichen, so müßte bereits eine Minderung der Fläche auf 1/3 vorgenommen werden.

Unter diesen Vorbetrachtungen sollen nun die üblichen Methoden des begrenzten Pressens der betrieblichen Praxis beleuchtet werden (Schema Abb. 28).

Die Wirkpressung wird beim begrenzten Pressen, wie es Diagramm Abbildung 28 veranschaulicht, nur zum Teil ausgenutzt. Ihre Höhe richtet sich nach der erforderlichen Preßkraft

$$P_{nutz} = p_{spez} \cdot F_{Fo} = p_n F_{Ko}$$

In dieser Gleichung ist allein p_n frei wählbar. Daher sollte es auch maschinell einregelbar sein. Der spezifische Preßdruck p_{spez} ist die fertigungstechnische Größe, die von der gewünschten Verdichtung und von der Formteilhöhe abhängt. Die Formteilhöhe richtet sich gleichfalls nach der Produktion, so daß p_n variabel bleibt.

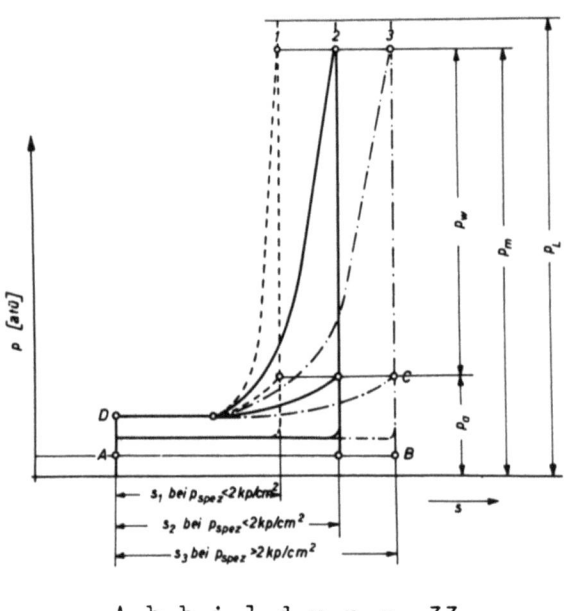

Abbildung 33

Schematisches Indikatordiagramm mit veränderlichem Hubweg

Dies ist sicher nur zweckmäßig durchführbar, wenn man den Druck der Luft an der Maschine durch ein Reduzierventil für die betreffende Form jeweils so einstellt, daß $p_{nutz} = p_{wirk}$, und damit $p_{masch} = p_a + p_{nutz}$ ist. Dann würde auch in diesen Fällen die Maschine stets unbegrenzt pressen. Ein solches Ventil zeigt Abbildung 34, das im Handel angeboten wird. Sofern die eingesetzten Maschinen mit Manschettendichtung arbeiten, ist p_a nicht ganz konstant, ändert sich also mit p_{masch}. In den heute meist vorkommenden Fällen aber wird p_a konstant. Das hinter das Reduzierventil zu setzende Druckmanometer ist nun mit einer geeichten Skala zu versehen, auf der der spezifische Preßdruck bereits vermerkt ist. Um den verschiedenen Formteilabmessungen Rechnung zu tragen, ist

die Skala mehrzeilig auszuführen, wie es in Abbildung 35 dargestellt ist.
Somit kann der Bedienende nun den Druck einstellen, der für das gerade
von ihm herzustellende Stück nötig ist.

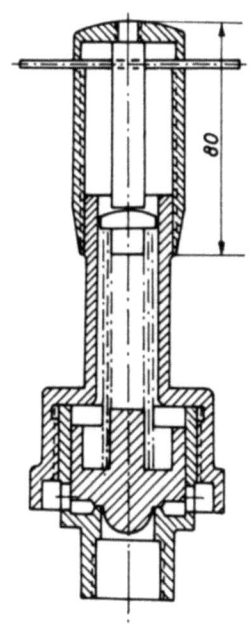

A b b i l d u n g 34
Schema eines Druckminderventils (nach H. WAGNER, Laasphe)

Diese Ausführungen beziehen sich nicht nur auf das Herstellen von Formen durch Pressen allein, sondern haben auch die gleiche Bedeutung für das Nachpressen und das Rütteln unter Preßdruck. Die hierfür durchgeführten Versuche bestätigten die Richtigkeit der hier aufgeführten Überlegungen.

Es sei aber ausdrücklich darauf verwiesen, daß der Füllrahmen in seiner Höhe, wie auch beim unbegrenzten Pressen dargestellt, auf die Formteilfläche und auf das Modellvolumen in Verbindung mit dem Formteil-Inhalt abgestimmt sein muß. Dies ist dann nötig, wenn der Betrieb erreichen will, daß die Pressung genau dann aufhört, wenn der Preßklotz (meist über den Formteilrand hinausragend) die Oberkante des Formteils erreicht hat. Es muß aber angenommen werden, daß in den Betrieben meist gleichhohe Füllrahmen für eine Kastenhöhe verwendet werden, denn die Anpassung an das veränderliche Modellvolumen ist in ihrer Auswirkung nicht bekannt. Daher hört bei zu hohem Füllrahmen die Pressung etwas oberhalb des Formteilrandes auf. Es steht eine Sandschicht über. Die Oberfläche des Formrückens ist eben (vgl. Schema Abb. 36). Der Preßvorgang entspricht unbegrenztem Pressen.

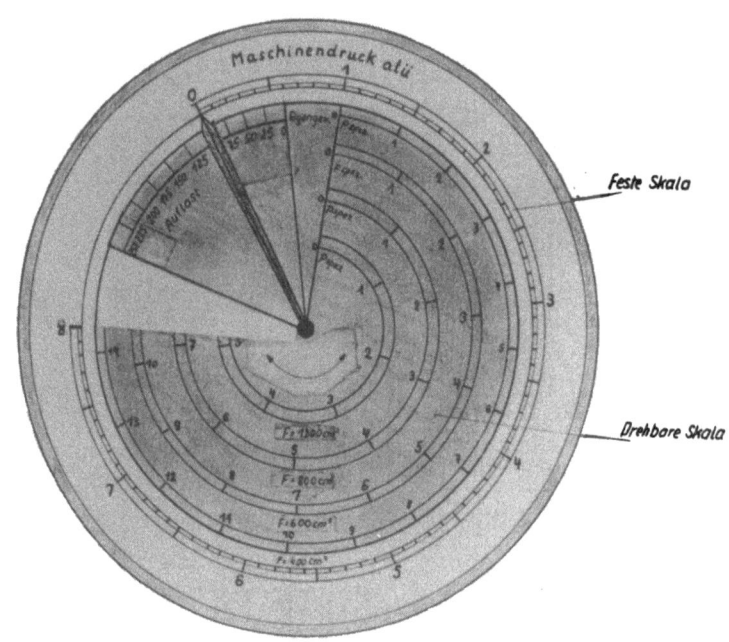

Abbildung 35
Skalenausführung eines Druckminderventiles

Wird der Füllrahmen zu klein gewählt, und kann aber der Preßklotz unter den Formteilrand in den Kasten dringen (Schema Abb. 19b), so wird die gleiche Verdichtung erzielt. Zu diesem Zweck muß der Preßklotz geringfügig kleiner als die Formteilfläche sein. Nur reicht die Sandoberfläche nicht bis an den oberen Rand des Formkastens. Dies kann beim Beschweren zu Schwierigkeiten führen, wenn die Sandoberfläche beschwert werden soll. Leider wird diese Notwendigkeit in der Praxis meist nicht beachtet. Die Beschwergewichte liegen in der Regel auf den Kastenrändern statt auf der Sandoberfläche auf. Das Beschwergewicht soll das Treiben des Sandes und dabei vornehmlich das Aufbeulen der Formteilmitten verhindern.

Durch diese Verfahrenstechnik wird erreicht, daß die gewünschte spez. Pressung auch tatsächlich auf das Formteil ausgeübt wird und die erforderliche Verdichtung sich wirklich einstellt. Weiter wird durch den verminderten Maschinendruck eine erhebliche Verringerung der Energiekosten erzielt, wenn mit Reduzierventil gearbeitet wird.

Setzt man voraus, daß p_a = 0,5 bis 0,6 atü beträgt und p_m mit Sicherheit auf 5,5 atü gehalten werden kann, dann ergibt sich für die angeführten Kennwerte einer Maschine (vgl. S. 36 u. 42) eine Wirkkraft von
$p_{wirk} = (p_m - p_a) \cdot F_{Ko} = (5,5 - 0,6) \cdot 618 = 3\ 030$ kp. Somit ist

bei gewünschter spez. Pressung vor 2,5 kp/cm² (vgl. Tab. 2) eine größte Formteilfläche von 3 030 / 2,5 = 1 200 cm² möglich. Wird diese Fläche auf die Hälfte vermindert, so geht ($p_{wirk} = p_{nutz}$) p_n gleichfalls auf die Hälfte, so daß dann der Maschinendruck etwa (Minderung der Reibung vernachlässigt) $p_a + \frac{p_m - p_a}{2}$ = 0,6 + 2,45 = 3,05 atü werden muß. Dann aber sinkt der Verbrauch beim Pressen gemäß Tabelle 3 von 50 Liter bei 5,5 atü auf 50 · (3,05 + 1)/(5,5 + 1) = 31,5 Liter angesaugte Luft. Wenn der geringere Verbrauch scheinbar nicht ins Gewicht fällt, so sind in Verbindung mit dichteren Leitungsnetzen dadurch neu zu installierende Kompressoranlagen in vielen Fällen zu vermeiden. Bei insgesamt 305 Liter für ein Formteil macht die Minderung immerhin 6 % aus.

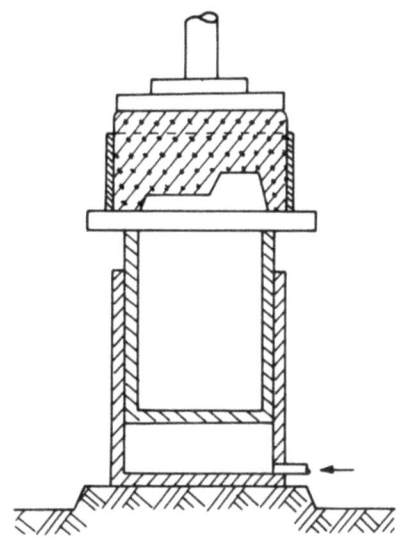

A b b i l d u n g   36
Pressen bei zu hohem Füllrahmen

Im praktischen Betrieb wird jedoch stets unverändert hoher Füllrahmen benutzt, der meist 1/3 der Formteilhöhe hoch ist, unabhängig vom Modell. Eine Aufnahme dieses Versuches zeigt Diagramm Abbildung 37.

Dies ergibt eine Verdichtung von 25 %

$$\frac{h_o - h_u}{h_o} = \frac{h_{Füll}}{h_{Fo} + h_{Füll}} = \frac{(3 + 1) - 3}{3 + 1} = \frac{1}{4}$$

wenn ohne Modell gearbeitet wird.

Hierfür hatte der Berichter [5] einen spezifischen Preßdruck von p_{spez} = 0,84 kp/cm² bei 100 mm Formteilhöhe ermittelt (h_o = 133 mm). Im Bereich von 100 bis 200 mm Formteilhöhe ist der erforderliche spez.

Preßdruck unter den speziellen Verhältnissen der im Versuch verwendeten Sandart aus Abbildung 32 zu entnehmen. Jedoch gelten diese Ergebnisse nur bei Formteilen ohne Modell oder für jede unterschiedlich hohe Sandsäule getrennt.

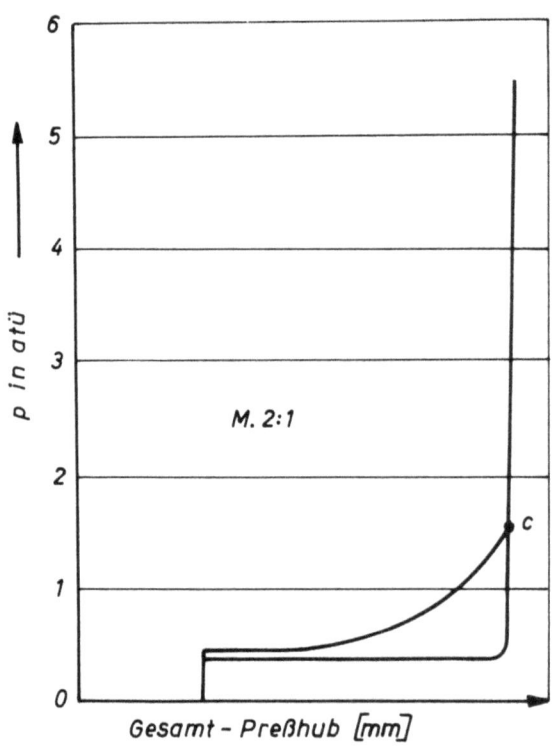

Abbildung 37
Indikatordiagramm bei $h_{Fo} : h_{Füll} = 3 : 1$

Setzt man als obere Grenze für das Modellvolumen 1/3,6 des Sandvolumens an, so ergibt sich eine Verdichtungsmöglichkeit von 31,5 % (0,33/ (2,6/3,6 + 0,33)) im Höchstfall. Die hierfür erforderlichen spezifischen Preßdrücke ergeben sich gleichfalls aus Abbildung 32.

Bei 100 mm Formteilhöhe (h_o = 146 mm) sind dafür 2,1 kp/cm², bei 200 mm (h_o = 292 mm) 2,4 kp/cm² erforderlich.

Bleibt man in den üblichen Grenzen des reinen Pressens, so ist mit der als Beispiel gewählten Maschine mit 2,5 kp/cm² spezifischen Preßdruck und bei maximaler Formteilfläche von 1200 cm² eine maximale Verdichtung von 31,5 % für alle Formteilhöhen zu erzeugen bei dem im Versuch verwendeten Sand und 1/3,6 Modellvolumen. Läßt man die Formteilhöhe bei max. 200 mm, verringert das Modellvolumen, so sinkt die Verdichtung bei begrenztem Pressen. Der erforderliche spez. Preßdruck sinkt gemäß Abbildung 32. Der erforderliche Nutzdruck sinkt gleichfalls. Punkt 3 des Diagramms Abbildung 27 wandert senkrecht nach unten, denn es wird begrenzt gepreßt - also der Preßklotz ragt über die Formteilfläche hinaus. Es entsteht ein Diagramm gemäß Abbildung 28, wobei der Hub "s" konstant bleibt. Es wäre bereits möglich, geringe Maschinendrücke durch ein Reduzierventil einzustellen. Ohne Reduzierventil wird die Restkraft $P_{Rest} = p_x \cdot F_{Ko}$ (siehe Abb. 28) dadurch verbraucht, daß auf den Formkasten gedrückt wird.

Für die Güte der erstellten Form ist das Verfahren des vorigen Abschnittes jedoch nicht vertretbar. Mit der Minderung der Verdichtung sinkt auch die Härte. Somit ist zu erklären, daß so unterschiedliche Maßtoleranzen bei der heutigen Verfahrenstechnik auftreten können. Es ist daher unbegrenzt zu pressen, so daß der Preßklotz nun so tief eindringen kann, wie es der gewünschten Verdichtung von 31,5 % entspricht.

Zu diesem Zweck müßte, wie bereits angeführt, ein Preßklotz benutzt werden, der in den Formkasten eindringen kann. Die andere Möglichkeit besteht darin, daß man den Füllrahmen auf die Verdichtung von 31,5 % für ein Formteil ohne Modell abstimmt. Er müßte dann nicht 1/3, sondern 47 % der Formteilhöhe betragen. Wird das Modell nun eingelegt, so ist die erreichte Verdichtung wesentlich größer, wenn das Preßhaupt zum Aufsitzen auf den Formteilrand gebracht wird.

Da aber nur ein spez. Preßdruck von 2,5 kp/cm^2 vorhanden ist, hört das Pressen auf, sobald die Verdichtung erreicht ist, die dem spez. Preßdruck von 2,5 kp/cm^2 entspricht.

Etwa der gleiche Vorgang spielt sich ab, wenn bei größter Formteilfläche und gleichem relativen Modellvolumen (hier $\frac{1}{3,6}$ des Formteilvolumens) und einem Füllrahmen von 47 % (gem. vorigem Abschnitt) die Formteilhöhe verringert wird. Nun verschiebt sich die Lage des Punktes 3 in Abbildung 28 gemäß dem erforderlichen spez. Preßdruck nach Abbildung 32. Die Verdichtung bleibt dabei konstant (31,5 %) und damit die gewünschte Härte der Form. Dies Verfahren ist also vertretbar. Doch wird wieder mehr Druckluft als erforderlich verbraucht, da p_{wirk} höher als p_{nutz} ist.

Schließlich wird nun die Praxis auf der gleichen Maschine noch Formteile kleinerer Abmessungen herstellen, als es der maximalen Auslegung von 1200 cm^2 bei 2,5 kp/cm^2 spez. Preßdruck entspricht. Durch die kleinen Formteilflächen wird der erforderliche Nutzdruck kleiner. Wiederum ist die Maschine nur teilweise ausgenutzt und verbraucht zuviel Druckluft.

Bei gleichem relativen Modellvolumen und konstanter Höhe wird der erzielte spez. Preßdruck konstant bleiben, wenn man die mögliche Vergrößerung der Reibung an den Formkastenwänden bei kleinen Formen unberücksichtigt läßt. (Hierbei konnten die Versuche noch keinen endgültigen Aufschluß geben. Es sind weitere Untersuchungen für diese Spezialfrage nötig.)

Wollte man in diesen Fällen die Füllrahmenhöhe vergrößern, um hier die Änderung des Modellvolumens in gleicher Weise auszuschalten, so führt dies nicht zum Erfolg. Der höhere Füllrahmen läßt eine größere Verdichtung zu. Durch die verringerte Formteilfläche besitzt die Maschine die Kraftreserven, um den erforderlichen zusätzlichen Druck zu erhöhter Verdichtung aufzubringen.

Die vorliegende Aufgabenstellung will jedoch untersuchen, wie eine gewünschte Verdichtung für alle Betriebsfälle erreicht werden kann. Nach den angestellten Ausführungen ergibt sich somit:

> Auf Grund eines Diagramms gem. Abbildung 32 muß für den zu verwendenden Sand und die Formteilhöhe angegeben werden, welcher spez. Preßdruck erforderlich ist, um eine bestimmte Verdichtung (besser: Härte der Form) zu erreichen. Daraus läßt sich für die vorgesehenen Formflächen nunmehr der ausreichende Maschinendruck einstellen. Als Füllrahmen ist die Höhe zu wählen, die beim Formteil ohne Modell erforderlich ist. Nun ist jedes beliebige Modellvolumen möglich, da das Pressen in dem Augenblick aufhört, wenn der Gegendruck des Sandes den spez. Preßdruck erreicht hat. In allen Fällen wird Sand über den Formteilrand stehen, der abzustreichen ist. Nur bei max. Formteilfläche und konstantem relativen Modellvolumen ist durch begrenztes Pressen der gewünschte spez. Preßdruck einzustellen.

All diese Überlegungen klären somit, weshalb die Abmessungen der Gußstücke erheblichen Schwankungen unterliegen. Die erzielte Härte ist bei heutiger Formmethodik sehr unterschiedlich, denn die Verfahrenstechnik ist nur zu unvollkommen den nötigen theoretischen Bedingungen angepaßt.

Abschließend läßt sich aus diesen Untersuchungen noch erklären, weshalb die Praxis auch beim Überschreiten der max. Formteilfläche auf Preßmaschinen noch abgießbare Formen erzielt. Die maximale Formteilfläche wird auf Grund des nötigen größten spez. Preßdrucks ermittelt. Dieser aber ist nur bei größter Formteilhöhe erforderlich. Wird nun die

Formteilhöhe niedriger gewählt, z.B. 70 mm, so kann im Verhältnis der erforderlichen spez. Preßdrücke (hier 2,4 kp/cm^2 bei 200 mm und 1,1 kp/cm^2 bei 70 mm), also im Verhältnis $\frac{2,4}{1,1}$ = 2,2, die Formteilfläche des niedrigeren Teils größer gehalten werden. Eine Korrektur durch wesentlich erhöhte Auflast ist dann praktisch auch nicht erforderlich.

1.4 Unbegrenztes Pressen [5]

Aus den Ausführungen über das begrenzte Pressen geht hervor (Abschnitt 1.3), daß nur ein unbegrenztes Pressen bei richtig eingestelltem Maschinendruck ($p_m = p_a + p_{nutz} = p_a + p_{spez} \cdot \frac{F_{Fo}}{F_{Ko}}$) eine gewünschte Verdichtung und damit mittlere Härte der Form garantiert.

Aus diesem Grunde wurde das unbegrenzte Pressen nachstehend speziell untersucht, wobei die früheren Ausführungen des Berichters [5] erweitert wurden. Die dort aufgezeigten Ergebnisse werden hier nicht nochmals besprochen.

Die Möglichkeit, die Wirkungsgrade, Kennwerte und Härtemessungen als Mittel zum Vergleich verschiedener Maschinen zu benutzen, wurde an praktischen Beispielen erprobt und führte zu auswertbaren Gegenüberstellungen. Die erste größere betriebliche Untersuchung wird zur Zeit auf dieser Basis von anderer Seite vorbereitet.

Bei der Bestimmung der Wirkungsgrade macht sich das Ausrechnen der Reibarbeitsfläche unangenehm bemerkbar. Auch erscheint es nötig, diese Werte experimentell festzulegen. Hierfür sind zwei Methoden möglich:

Wird das Einlaßventil des Preßzylinders geöffnet, so hebt sich der Kolben, wenn die Druckkraft im Zylinder $Pa_x = pa_x F_{Ko} = B + R$ beträgt.

Die Reibkraft R ändert sich bei Manschettendichtung durch die sich ändernden Anpreßdrücke in Abhängigkeit vom Druck in der Maschine. Bei Kolbenringdichtung ist die Reibung konstant. Das Betriebsgewicht B ist durch unterschiedliche Formkastenabmessungen und die sich ändernde Sandmenge variabel.

Um die Reibung bei jedem Druck und jeder Belastung zu bestimmen, wurde eine Feder zwischen Preßholm und Preßtisch eingebaut. Da die Druckkraft proportional mit der Federkraft wächst, wird der Druck im Zylinder um so größer, je mehr die Feder zusammengedrückt wird. Beim Rückgang wird entsprechend dem Druckabfall im Zylinder der Tisch durch die Federkraft nach unten gedrückt. Dabei wird die beim Zusammendrücken der Feder aufgewendete Arbeit bis auf die Reibungsarbeit wieder frei. Das Federdiagramm (Abb. 38) gibt also Aufschluß über die Reibung in jedem beliebigen Punkt des Indikator-Diagramms.

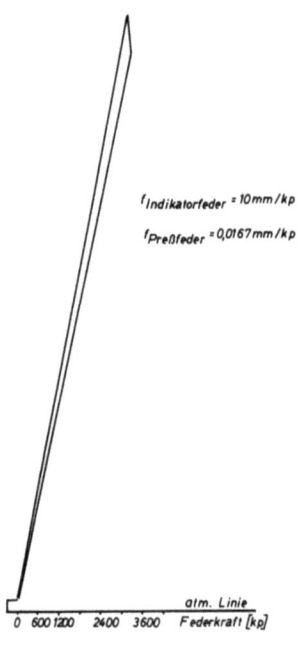

A b b i l d u n g 38
Federdiagramm zur Bestimmung der Reibung im Maschinen-Zylinder

Beim Hingang muß der im Zylinder herrschende Druck die Reibung und die Gesamtbelastung überwinden, um eine Bewegung zu ermöglichen.

$$p_{hin} = \frac{(B + R)}{F_{Kolben}} \ [kp/cm^2]$$

Beim Rückgang wirkt die Reibkraft der Betriebsbelastung entgegen.

$$p_{rück} = \frac{B - R}{F_{Kolben}} \ [kp/cm^2]$$

Da beim Hin- und Rückgang des Kolbens die Reibkraft überwunden werden muß, entspricht die Druckdifferenz zwischen Hin- und Rückgang der doppelten Reibkraft.

Damit ergibt sich die Reibkraft zu

$$R = F_{Ko} \cdot (p_h - p_{rü}) / 2 \ [kp]$$

Muß die Reibkraft bei verschiedenem Drücken ohne Feder bestimmt werden, so kann sie durch mehrere Versuche mit unterschiedlicher Auflast ermittelt werden. Dabei wird die Federkraft durch das Gewicht der Auflast ersetzt. Das Verfahren ist zwar umständlicher, aber führt zum gleichen Ergebnis (vgl. Abb. 39).

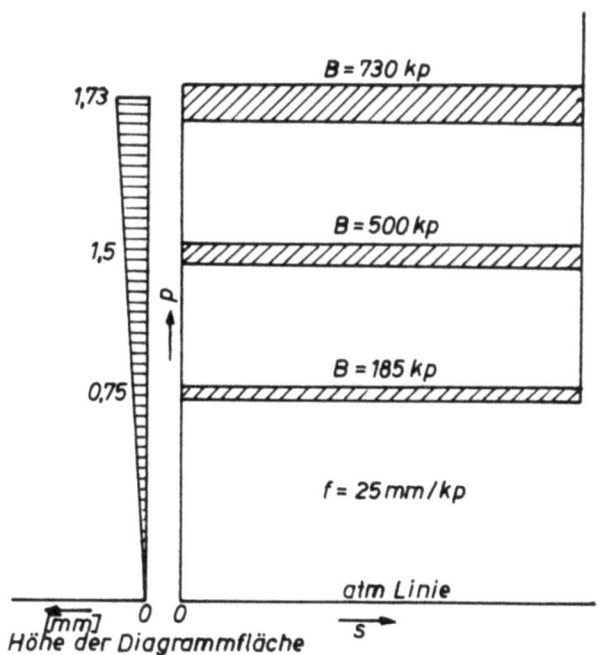

Abbildung 39
Hubdiagramm bei verschiedener Auflast

Um zu brauchbaren Meßergebnissen zu kommen, ist es notwendig, jede Störung des Diagrammes durch zu große Beschleunigung des Kolbens zu vermeiden. Diese treten beim schnellen Öffnen des Einlaßventiles auf (vgl. Abb. 40). Aus diesem Grund ist das Ventil beim Ein- und Auslassen vorsichtig zu betätigen, was durch geringe Übung zu erreichen ist.

Da aus dem Federdiagramm hervorgeht, daß die Reibung linear anwächst, sind nur zwei Meßpunkte erforderlich, um die Reibung über den ganzen Druckbereich zu bestimmen.

Für ein Beispiel sei dies durchgeführt.

1. Bei 185 kp Belastung (gem. Abb. 39)

$p_h - p_{rü} = 0,75$ mm Diagrammhöhe, $f = 25$ mm/atü

$$R = F_{K_o} \cdot \frac{(p_h - p_{rü})}{2 f} = \frac{618 \cdot 0,75}{2 \cdot 25} = \underline{9,3 \text{ kp}}$$

Das Diagramm Abbildung 39 entsteht in gleicher Weise, wenn eine inkompressible Last gegen einen Anschlag gefahren wird. Dies ist z.B. beim Abheben der Fall. Dort ist ein Anschlag als Hubbegrenzung in den Kolben

Seite 55

eingebaut. So werden die Diagramme Abbildung 38 und 39 im Prinzip dort wieder zu diskutieren sein.

Zur Beurteilung der Maschine ist es erforderlich, die theoretische Maschinenzeit zu kennen (t_h nach Refa). Vielfach wird es darauf ankommen, diesen Wert zu verbessern, um eine größere Anzahl von Formen auf der Maschine erstellen zu können. Bei Preßformmaschinen ist es die Zeit, die notwendig ist, um den Preßzylinder gänzlich mit Druckluft zu füllen und eine zusätzliche Stillhaltezeit, um die größtmögliche Härte der Form durch Fließen des Sandes zu erreichen. Wird diese Zeit nicht eingehalten, so wird entweder das Preßdiagramm nicht voll ausgefahren (siehe Abb. 40), oder die endgültige Härte der Form ist noch nicht erreicht, selbst wenn das Diagramm voll ausgefahren würde.

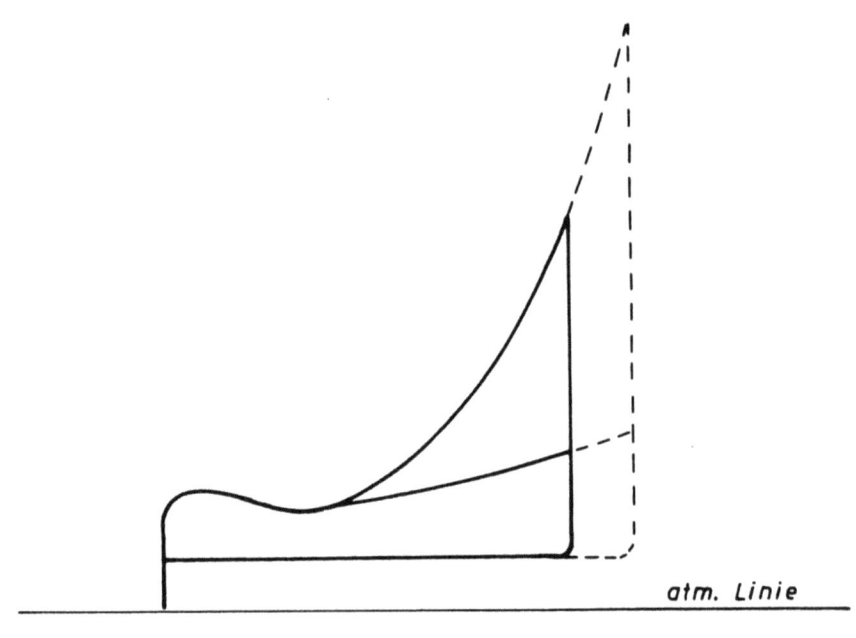

A b b i l d u n g 40
Indikatordiagramm bei zu schnellem Luftein- und Austritt

Das Fließen des Sandes benötigt eine gewisse Zeit. Somit muß der Preßvorgang eine Zeit auf den Sand einwirken können, nachdem der Maschinenzylinder voll unter Druck steht. Diese Tatsache wurde durch einen speziellen Versuch bewiesen. Als Formsand wurde Natursand mit 6 % Feuchtigkeit benutzt. Es wurde mit einem spezifischen Preßdruck von 2,5 kp/cm^2 gearbeitet bei max. 20 sec Einwirkzeit. Die Formteilhöhe betrug 100 mm bei 40 mm Füllrahmenhöhe. Die Pressung erfolgte vom Formrücken her, bei unbegrenztem Pressen. Die Härte wurde an der Modellseite und am Formrücken gemessen. In Abbildung 41 ist die mittlere Härte beider Schichten als Funktion der Zeit aufgetragen. Die Härte strebt asymptotisch einem Höchstwert zu. Nach etwa 10 sec ist keine nennenswerte Steigerung mehr zu erkennen.

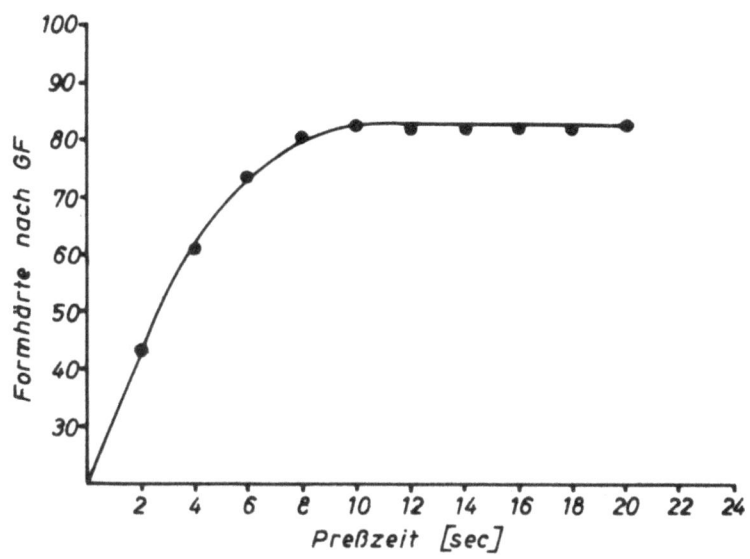

Abbildung 41
Formhärte als Funktion der Preßzeit

Es wäre noch zu klären, ob durch Vergrößerung der Einströmquerschnitte die Maschinenzeit gesenkt werden kann, ohne daß die Härte beeinflußt wird. Bei gleicher Auslegung der Maschine ist das schnelle Öffnen des Einlaßventils für die Gleichmäßigkeit der Verdichtung ungünstig. Durch den Schlag auf die Sandoberfläche tritt eine örtliche Verfestigung an der Aufschlagstelle ein, ohne daß die Verdichtung durch Fließen sich weiter fortpflanzt und ausgleicht.

Die Abhängigkeit der Maschinenzeit von verschiedenen Sandarten wurde nicht untersucht, da feststeht, daß allein schon geringe Abweichungen in der Feuchtigkeit zu erheblichen Härteänderungen führen. Es wäre interessant, zu prüfen, ob mit Hilfe dieser Zeit- und Druckabhängigkeit der Härte nicht ein Maß für das Fließen, und damit für die Eignung zum Preß-Verdichten in der hier vorliegenden Weise zu finden ist. Dafür müßten die Formen (Hülse) der Prüfapparatur und die Druckverhältnisse nur genormt werden, unter denen die Vergleichsversuche durchzuführen sind. Ob aber der so gefundene Wert auch für die Eignung für das Rütteln, Schubverdichten oder Schleudern seine gleiche Aussagekraft besitzt, soll damit noch nicht festgelegt sein.

Aus den angeführten Untersuchungen ergibt sich eindeutig, daß die theoretische Maschinenzeit zweckmäßig mit Hilfe der erreichbaren Endhärte festzulegen ist. Sie würde für diese Sandart bei den gegebenen Betriebsverhältnissen 10 sec betragen. Werden die geforderten Härtewerte herabgesetzt, können geringere Einwirkzeiten angesetzt werden.

Damit ist das Fließen als Tatsache auch hier wiederum sichtbar geworden. Ungeklärt ist jedoch, ob bei größerem Einströmquerschnitt der gleiche Härtewert als Höchstwert sich ergibt und welche Einwirkzeit erforderlich ist. Beides, eine erhöhte Endhärte oder eine verkürzte Einwirkzeit, sind für den Entwurf einer Maschine von Bedeutung. Jedoch war dies mit der zur Verfügung stehenden Maschine nicht zu klären, da die bauliche Änderung nicht durchgeführt werden konnte.

Vielfach vertritt die Praxis die Ansicht, daß für das Erstellen von Formen für spezielle Werkstoffe (z.B. für Stahlguß- oder Buntmetall) besonders konstruierte Maschinen eingesetzt werden müssen. Die Entwicklung hat allgemein bereits zu Maschinen geführt, die einen spez. Preßdruck von etwa 5 kp/cm^2 besitzen, bezogen auf die maximale Formteilfläche (bei größter gewünschter Höhe). Bei all dieser Überlegung sollte wesentlich stärker beachtet werden, daß durch Regelung des Maschinendruckes und zweckmäßiger Abstimmung der Formteilfläche _jeder_ gewünschte spez. Preßdruck - auch über die angeführten 5 kp/cm^2 hinweg - auf der gleichen Preßmaschine erreicht werden kann.

In Anlehnung an die Ausführungen "Wirkungsgrade" (Abschnitt 1.215) wurde nun untersucht, wie bei demselben Formteil sich der wirtschaftliche Wirkungsgrad ändert, wenn der spezifische Preßdruck erhöht wird. Abbildung 42 gibt das Ergebnis wieder. Die spezielle Lage der Kurve und ihre Steilheit ist von der Sandart und der Feuchtigkeit abhängig. Der steile Abfall zu Beginn läßt darauf schließen, daß zuerst eine Art Brückenbildung im Sand aufgehoben werden muß. Durch das Einfüllen, selbst des gut aufgelockerten (geschleuderten) Sandes tritt eine gewisse Anfangsverdichtung (Vorverdichtung) auf. Diese ergibt auch eine geringe Härte. Doch läßt sie sich mit den bekannten Meßgeräten nicht nachweisen. Die größte Zunahme der Verdichtung liegt im stark gekrümmten Ast der Kurve.

Diese Ansicht wurde durch weitere Auswertungen der Indikatordiagramme bestätigt. So zeigt Abbildung 43 den Zuwachs der Verdichtung in Abhängigkeit vom spezifischen Preßdruck. Schon bei geringen spez. Preßdruck tritt eine große Verdichtungszunahme ein, um dann rasch abzunehmen.

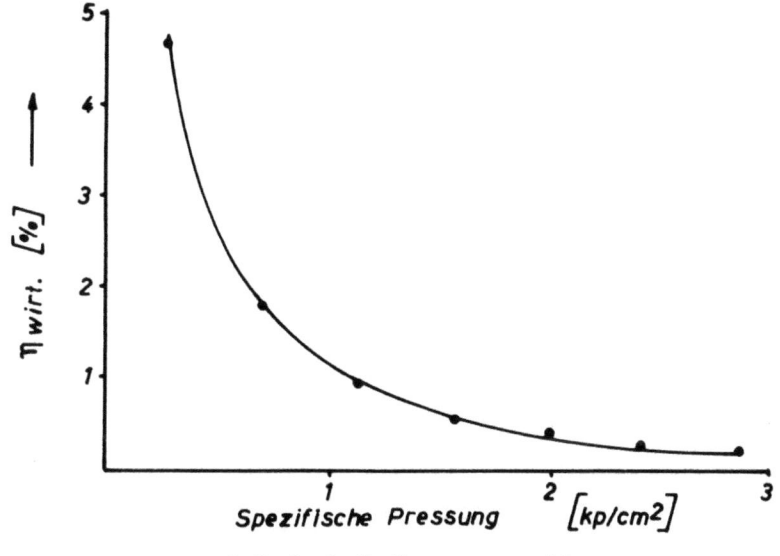

A b b i l d u n g 42

Abhängigkeit des wirtschaftlichen Wirkungsgrades
vom spezifischen Preßdruck

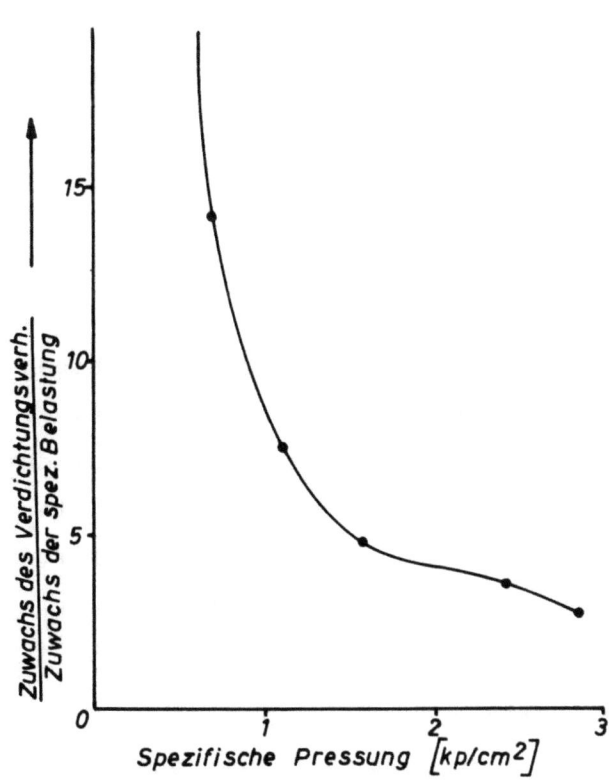

A b b i l d u n g 43

Zuwachs des Verdichtungsverhältnisses in Abhängigkeit
vom spezifischen Preßdruck

Etwa ab 2 kp/cm^2 ist kaum noch eine Steigerung zu erkennen. Der Kurvenverlauf deckt sich etwa mit dem der Härte, nur daß die Kurvenzüge spiegelbildlich verlaufen. Die Ausführungen über den Härteanstieg und die Folgerungen über den Zusammenhang zwischen Härte und Verdichtung werden dabei untermauert. Doch ist die Aussagefähigkeit der verwendeten Härtemeßgeräte im oberen Bereich nicht günstig. Die Erkenntnisse werden also durch die Art des Meßgerätes und seiner konstruktiven Gestaltung mit beeinflußt. Dies ist mit der Grund für die in Abschnitt 3 behandelten Untersuchungen an Härtemeßgeräten.

Folgert man aus Abbildung 42, daß nur noch ein geringer Zuwachs der Verdichtung im oberen Bereich des spezifischen Preßdruckes sich einstellen kann, so wäre nach diesen Untersuchungen kein nennenswerter Erfolg für das Pressen mit wesentlich höheren Drücken zu erwarten. Nimmt man in erster Annäherung an, daß oberhalb von 2 kp/cm^2 die erzielte Verdichtung etwa konstant bleibt, so müßte sich von dort an der Sand wie ein elastisches, festes Medium verhalten. Für diese Auslegung des Diagramms gibt es Bestätigungen aus der Praxis. Bei spez. Preßdrücken um 5 kp/cm^2 bleibt die Formteiloberfläche beim Entlasten nach dem Pressen nicht eben. Sie wölbt sich auf. Bisher wurde dieser Sachverhalt durch Rückexpansion der Luft in den Poren des Sandes zu erklären versucht. Das Wölben beeinflußt die gewünschte Genauigkeit. Es wirkt den Wünschen entgegen, durch Hochdruckpressen einen genaueren Abguß zu erstellen. Dieses Wölben tritt sicher nicht nur an der Trennfläche, sondern auch an allen, dem Forminneren zugewandten Flächen gleichfalls auf. Jedoch wurde es bisher in der Praxis nur an der Trennfläche störend empfunden. Dadurch lassen sich die Formen nicht mehr eben zulegen, so daß ein leichteres Durchgehen der Form eintritt. Zum Teil haben sich diese Sorgen dadurch beheben lassen, daß in der Modellplatte, im Preßhaupt und in den Formkastenwänden Löcher angebracht wurden, um das Entweichen der Luft zu fördern. Daher wurde auch die Ansicht vertreten, daß die Wölbung wesentlich von der Rückexpansion der Luft im Porenraum herrührt. Jedoch ist sie nicht allein verantwortlich zu machen. Auch die zunehmende Elastizität des verdichteten Sandes verursacht diese Wirkung mit.

Untersucht man das Verhältnis "Zuwachs Nutzarbeit / Zuwachs Verdichtung", so ergeben sich im untersuchten Bereich zwei ausgeprägte Wendepunkte der Kurve, Abbildung 44. Das bedeutet, daß das Verdichtungsverhältnis stärker ansteigt als die Nutzarbeit. Dies kann weiterhin als ein zusätzlicher Beweis für das Fließen des Sandes ausgelegt werden. Auch ist daraus

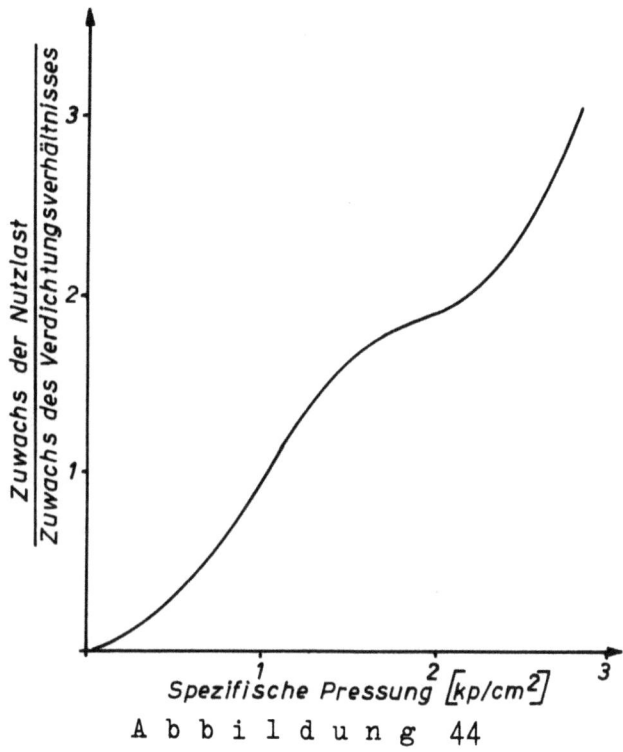

A b b i l d u n g 44

Zuwachs der Nutzarbeit als Funktion vom spez. Preßdruck

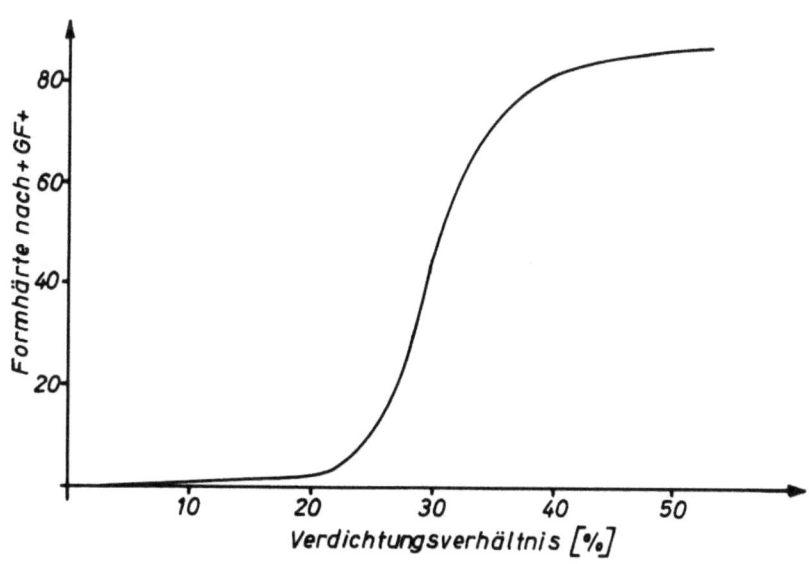

A b b i l d u n g 45

Abhängigkeit der Fischerhärte vom Verdichtungsverhältnis

zu folgern, daß dem Sand Zeit gelassen werden muß, um das Fließen durchführen zu können, wie es auch als spezielle Messung unter Beweis gestellt wurde.

Stellt man, wie in Abbildung 45, nun die Verdichtung der Härte gegenüber, so ergibt sich, daß erst eine gewisse Verdichtung erreicht sein muß, um einen nennenswerten Anstieg der Härte zu erhalten. Der wesentlichste Bereich des Anstieges liegt dann zwischen 20 % und 40 % Verdichtung. Der jedoch besonders für das Hochdruckpressen interessierende Bereich erstreckt sich über den dann folgenden, nur noch schwach ansteigenden Ast der Kurve oberhalb von 40 % Verdichtung. Hier aber wirkt sich die Ausführung des Meßgeräts besonders stark aus, so daß damit besonders für das Hochdruckpressen eine Verlagerung des günstigen Meßbereichs zu den höheren spezifischen Preßdrücken hin erfolgen muß.

Wiederum erscheint es angebracht, den Zuwachs der Härte getrennt zu untersuchen. Das Ergebnis zeigt Abbildung 46. Die glockenförmige Gestalt der Kurve für den hier untersuchten Sand im Bereich von 20 bis 44 %, was etwa dem Bereich von 1 bis 2,5 kp/cm^2 spezifischer Pressung entspricht, bedeutet, daß sich die Körner hier nur ineinander verkeilen und vornehmlich örtlich Härteerhöhungen erzeugen. Beim Überschreiten des Maximums scheint der Sand besonders stark zu fließen. Somit muß danach eine besonders große gleichmäßige Härteverteilung über die ganze Form sich einstellen. Dies wird in Abschnitt 1.7 unter Beweis gestellt. Es könnte für die Beurteilung der Sande vielleicht wichtig sein, wenn man die Lage dieser "Fließgrenze" bei verschiedenen Sanden oder Sandzuständen, Feuchtigkeit, Auflockerung u.a. untersucht.

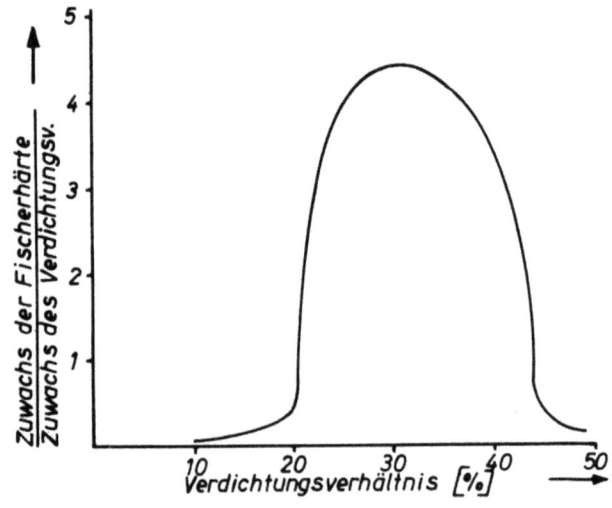

A b b i l d u n g 46

Zuwachs der Fischerhärte in Abhängigkeit vom Verdichtungsverhältnis

Der Berichter beabsichtigt, bei Untersuchungen über Mischmaschinen diese Grenze in Abhängigkeit vom Mischzustand zu ermitteln. Es wird zur gegebenen Zeit dann darüber zu berichten sein. Tastversuche weisen aus, daß die Gleichmäßigkeit der erzeugten Härte von der Mischzeit abhängt, so daß ein Zusammenhang sich mit Sicherheit wird herausarbeiten lassen.

A b b i l d u n g   47
Wirkung des Seitendruckes beim Pressen

A b b i l d u n g   48
Wirkung des Seitendruckes beim Pressen

Neben diesen Fragen interessiert auch der Seitendruck des Sandes auf die Formkastenwände. Als qualitative Methode wurden Formkästen aus Gummibandagen hergestellt. Es wurden spezifische Drücke von 1 bis 3 kp/cm^2 verwendet. Dabei ergaben sich die Abbildungen 47 und 48 (s. Seite 63). Die Untersuchungen sollten nur dazu dienen, auch sichtbar den Beweis zu liefern, daß der Seitendruck erheblich ist und nicht vernachlässigt werden kann. Bereits beim Pressen mit etwa 10 kp/cm^2 im praktischen Betrieb und auch beim Membran-Preßverfahren bei etwa 7 kp/cm^2 hat es sich gezeigt, daß die üblichen Abmessungen der Kästen nicht mehr ausreichen. Es sind wesentlich starrere Kästen zu verwenden. Durch das elastische Rückfedern der Kästen wird der Sand zurückgedrückt und war oft dann mit die Ursache zu Ausbeulungen oder Rissen in der Form. Zum Ermitteln der tatsächlich auftretenden Kräfte in Abhängigkeit von Formteilgröße und spezifischem Preßdruck wurden Untersuchungen mit Hilfe von Dehnungsmeßstreifen angesetzt. Über die Ergebnisse wird an anderer Stelle berichtet [24].

1.5 Rütteln und Nachpressen

Während beim Pressen unter heute üblichen Bedingungen allgemein nur Formteile bis zu einer maximalen Höhe von 150 mm verdichtet werden, lassen sich durch Rütteln Formteile über diese Höhe hinaus erstellen. In keinem der bisher untersuchten Fälle war dabei der Einsatz eines Reduzierventils gerechtfertigt. Die Maschinen waren also für das Rütteln zweckentsprechend ausgebildet. Um die Rüttelzeit kurz zu halten und eine möglichst gute Verdichtung zu erreichen, ist sicher wohl eine große Schlaghöhe anzustreben. Dazu sind jedoch die oberen Betriebsdrücke erforderlich. Beim Rütteln stellt sich jedoch eine Härteverteilung gemäß Abbildung 13 ein, so daß die Form wegen des losen Rückens nachverdichtet werden muß. Dies erfolgt maschinell durch Pressen.

Durch Versuche wurde nun ermittelt, bei welcher Formhärte Formen nicht mehr ausfallen. Hierbei ergaben sich Härten nach Fischer von etwa 50 Einheiten. Diese sind mit 0,6 kp/cm^2 spez. Preßdruck mit Sicherheit zu erreichen. Wenn auch die Härte von den Formsandeigenschaften abhängt, so wird der Wert 0,6 kp/cm^2 nur unwesentlich schwanken und kann durch Zuschläge ausreichend sicher gehalten werden. Rechnet man die beim Nachpressen möglichen spez. Drücke verschiedener Maschinen für die mögliche Formteilfläche auf einer Maschine nach, so treten als untere Grenze ungefähr 1,2 kp/cm^2, als obere bis zu 3,6 kp/cm^2 auf, sofern unbegrenzt gepreßt wird. Jedoch wird diese Verfahrenstechnik, wie schon

beim Pressen festgestellt, praktisch nicht angewendet. Setzt man, wie in Beispiel Seite 48 p_a, den Verlust-Druck aus $\frac{B+R}{F_{Ko}}$, mit 0,6 atü an, den Maschinendruck p_m mit 5,5 atü, so ist $p_{nutz\ max} = p_{wirk} = p_m - p_a =$
= 5,5 - 0,6 = <u>4,9 at.</u>

Werden nur 1,2 kg/cm^2 benötigt, (also das Doppelte des ermittelten spez. Nachpreß-Druckes; somit Sicherheit = 2) so schwankt p_n von 4,9 .... 1,65 at ($\frac{4,9}{3}$), der Netzdruck somit von 5,5 atü .... 2,25 atü ($p_a + p_n$ = 0,6 + 1,65), je nachdem, ob die größte oder die kleinste Formteilfläche nachzupressen ist. Es steht außer Zweifel, daß auch hier durch ein Reduzierventil wesentliche Einsparung an Druckluft zu erreichen ist. Ihre tatsächliche Größe läßt sich jedoch nur ermitteln, wenn man statistisch die Belegung einer Maschine im Bezug auf die Formteilabmessungen untersucht. Diese Erhebung konnte bisher leider erst begonnen werden. Dabei wurde festgestellt, daß etwa nur zu 2/3 die mögliche Formteilfläche ausgenutzt wird.

Da der Verlust-Druck von der Auflast abhängt (B = G_{Eigen} + G_{Sand} + G_{Kasten} + G_{Modell}), so ist aus Sicherheitsgründen der Höchstwert für B und damit für p_a in Rechnung zu stellen, um dann die Skala der Manometer danach zu eichen. Auch besteht die Möglichkeit, eine veränderliche Null-Einstellung der Skalen gemäß Abbildung 35 anzubringen, um die veränderlichen Auflasten auszugleichen.

Mit Hilfe des richtig bemessenen Nachpreßdruckes wird wiederum zu erreichen versucht, eine garantierte Produktionsgüte der Form, hier der Härte des Rückens, zu erzielen. Es muß zweckmäßig dabei unbegrenzt gepreßt werden, wie es als bestes Verfahren schon früher herausgestellt wurde. Da es nicht kritisch ist, etwas zu hohe Füllrahmen zu verwenden, kann meist auf ein individuelles Bestimmen der Füllrahmenhöhe verzichtet werden.

Bei dieser Methode drängt sich die Frage auf, ob nicht allein durch Rütteln ein ausreichend fester Formrücken zu erzielen ist. Wie aus Abbildung 13 hervorgeht, ist bereits dicht unter den oberen Schichten eine größere Formhärte vorhanden. Es ist nun die Füllrahmen-Höhe zu bestimmen, die erforderlich ist, um eine ausreichende Härte der Form, also etwa 50 Fischer-Einheiten, am Formrücken zu erzielen. Diese Sandmenge ist dann abzustreifen. Dies läßt sich mechanisch ausführen. Vorteil des Verfahrens ist, daß die Presse als Bauteil entfallen, die Arbeitszeit um den Preßvorgang vermindert werden kann, und daß die Betriebskosten für das Pressen entfallen.

Gemäß Tabelle 4 (s. Seite 31) werden für den Preßvorgang und die dazu gehörigen Arbeiten beim Rütteln und Nachpressen 10 % der Zeit benötigt. Hinzu kommt der Vorgang des Abstreifens für den als mechanischer Vorgang das Holm-Ausschwenken gesetzt wird. Unter diesen Voraussetzungen ergeben sich wenigstens 14 % Zeitminderung für eine Form.

Der Energiebedarf sinkt um $\sim$ 6 % beim Amboßrüttler und um 7 % beim amboßlosen Rütteln. Weiter tritt eine Minderung durch das nicht erforderliche mechanische Ein- und Ausschwenken des Preßhauptes mit einem Schub- oder Drehkolben (doppelt wirkend), wofür etwa der gleiche Bedarf wie beim Abheben geschätzt wird. Dadurch ergeben sich dann Energieeinsparungen von $\sim$ 7 bis 8 % beim Amboßrüttler und von 8 bis 9 % beim amboßlosen Rüttler. Ein weiterer Vorzug dieses Verfahrens wäre, daß damit sehr große Formen am Rücken hart genug erstellbar wären. In diesem Fall ist das mechanische Abstreifen jedoch nicht mit einem Messer an einem hierfür speziell anzubringenden Schwenkhaupt durchführbar. Die Abmessungen der Form sind zu groß. Als mechanisches Verfahren kann dann die Fräse Abbildung 49 benutzt werden, wie sie für das Schleuderformen geliefert wird.

A b b i l d u n g 49
Sandfräse zum Abstreifen der Formteile nach Vektor AG, Zürich

Der Nachteil des Abstreifverfahrens beim Rütteln ist, daß etwa das doppelte Sandvolumen des freien Kastenvolumens [$2 (V_{Kasen} - V_{Modell}) =$

= $V_{Sand\ in\ unverdichtetem\ Zustand}$] erforderlich ist, um eine Härte von 50 Fischer-Einheiten zu erzielen. Dies würde bei maximaler Modellgröße bedeuten, daß der Füllrahmen gut doppelt so hoch (2/3 Formteilhöhe) werden muß, als er üblich (1/3 Formteilhöhe) ausgeführt wird. Die Rüttelzeiten aber würden sinken, da eher die ausreichende Härte an der Modellseite erreicht wird.

Die Wirtschaftlichkeit des Verfahrens ist schwer abschätzbar, da die Kosten für das erforderliche Neuaufbereiten des erhöhten Überwurfsandes und für den Transport zur Formmaschine und zurück als Richtzahl nicht bekannt sind.

Diese letzte Diskussion sollte mehr dazu dienen, zu beweisen, daß durch Kenntnis der Arbeitsvorgänge bisher nicht beschrittene Verfahrenstechniken durchgearbeitet werden können.

1.6 Abheben

Da die Abhebevorrichtung gleichfalls nach dem Prinzip einer Kolbenmaschine arbeitet, jedoch ohne Verdichtungsarbeit, vgl. Diagramm Schema Abbildung 39, lag es nahe, zu prüfen, ob auch hier mit Druckminderung gefahren werden kann. Ein durch Druckluft beaufschlagter Kolben hebt das Abhebekreuz mit den Abhebestiften über den stillstehenden Preßtisch, wodurch die Trennung von Modell und Form erfolgt. Bei jedem Hub wird der Kolben bis zum Anschlag ausgefahren, so daß jedesmal der gesamte Zylinderraum mit Luft zu füllen ist. Somit beeinflußt die Belastung den Verbrauch nicht. Die Grenze der Hubkraft ergibt sich dadurch, daß ein Gleichgewicht zwischen der Kolbenkraft $p_m \cdot F_{Ko}$ und der Auflast + Reibkraft eintritt. In diesem Falle hebt der Abhebekolben nicht mehr an.

Bis heute werden, wie bei allen anderen Arbeitsoperationen an Druckluftformmaschinen, 6 atü als üblicher Betriebsdruck für das Abheben angesetzt. Somit ergibt sich auch hier zwangsläufig die Frage, in wieweit gegebenenfalls auch hier die Maschinen überdimensioniert sind und ob mit einem niedrigeren Betriebsdruck gearbeitet werden kann.

Zu diesem Zweck wurde an einer Formmaschine untersucht, bei welchem Druck die Abhebevorrichtung sich zu bewegen beginnt und welche Drücke bei verschiedener Auflast notwendig sind. Das Ergebnis zeigt Diagramm Abbildung 50.

Der Beginn des Abhebens liegt bei 2 atü. Dieser Druck ist nötig, das Eigengewicht von Kolben und Gestänge zu heben und die Reibung zu überwinden. Wie zu erwarten, steigt die mögliche Auflast praktisch linear mit dem Betriebsdruck an. Bei 4 atü Betriebsdruck hebt die Maschine eine Auflast von 115 kg. Bei 300 x 400 x 150 mm üblicher Formteilabmessung sind maximal etwa 27 kg Sand zu heben, so daß 55 kp als max. Formteilgewicht hoch angesetzt sind. Verdoppelt man diesen Wert für Reibung der Führungsstifte und für die Reibung und Haftung des Sandes am Modell, so wären danach höchstens 4 atü Betriebsdruck nötig.

Entsprechend den Überlegungen beim "Pressen" sollte auch beim Abheben versucht werden, mit möglichst geringem Hub auszukommen. Er sollte auf keinen Fall wesentlich größer sein, als es für das freie Abtragen des Formteils erforderlich ist.

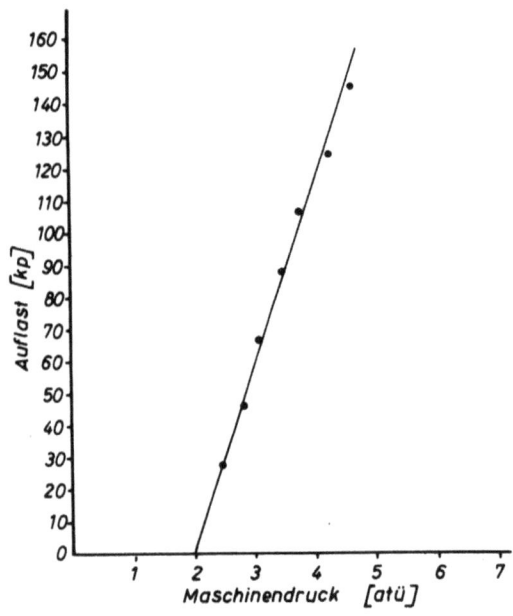

A b b i l d u n g 50
Mögliche Auflast beim Abheben

Die Hubzeiten sind bei allen Drücken annähernd gleich, da unter dem Abhebekolben der Druck herrscht, der im Augenblick des Hebens gerade benötigt wird. Erst im Anschlag füllt sich der Zylinderraum mit Netzdruck auf. Bei einer Druckminderung durch ein Reduzierventil von 6 auf 4 atü ergibt sich ein um 15 % geringerer Luftverbrauch. Dabei wurde nicht berücksichtigt, daß die Luftverluste der Abhebevorrichtung bei niedrigeren Drücken geringer sind als bei höheren.

Für das reine Pressen gem. Tabelle 6 würde sich eine Verbrauchsminderung um 1 % ergeben, bei den anderen Verfahren um 0,5 %.

Tabelle 6

	Gesamt-verbrauch normal [dm³ a L]	Abheben normal [dm³ a L]	Abheben bei 28 % Minderung [dm³ a L]	Gesamt-verbrauch bei 28 % Minderung [dm³ a L]	Minderung des Gesamt-verbrauchs [%]
Rütteln unter Preßdruck	895	12	8,65	891,65	0,374
Rütteln und Nachpressen Amboßrüttler	945	12	8,65	941,65	0,355
Rütteln und Nachpressen amboßloser Rüttler	715	12	8,65	711,65	0,47
Pressen	305	12	8,65	301,65	1,1

Es zeigt sich, daß jede Operation einer Formmaschine zweckmäßigerweise nachgeprüft werden sollte. Stets lassen sich durch planmäßige Versuche noch Verbesserungen einbauen; hier durch Verringerung der Querschnittsfläche des Abhebekolbens. Ein Drosselventil sollte nicht eingebaut werden, da es sich zu teuer stellen würde.

1.7 Härteverlauf bei verschiedenen spezifischen Preßdrücken

Als Ergänzung zu den Aussagen, die in Abschnitt 1.4 (Unbegrenztes Pressen) gemacht wurden, erschien es nötig, den Härteverlauf in der Form bei geändertem spez. Preßdruck aufzuzeigen. Es ist bekannt, daß sich ein Härteverlauf gemäß Abbildung 14/16 einstellt. Jedoch beziehen sich die Darstellungen nur auf niedrige spezifische Preßdrücke oder veranschaulichen prinzipiell den Verlauf.

Der verwendete Sand für die hier besprochenen Versuche war ein Natursand mit 6 % Feuchtigkeit. Die reine Preßzeit betrug 10 sec. Die Untersuchungen wurden bei 1,9, 2,3 und 3,2 kp/cm² spezifischem Preßdruck durchgeführt. Vor dem Pressen wurde der gekollerte Sand mit einer Bandschleuder durchgeschleudert, um einen gleichmäßig aufgelockerten Sand zu erhalten. Die Ausgangshöhe h_o betrug 130 mm. Es wurde unbegegrenzt durch Pressen vom Formteilrücken her verdichtet. Wie aus dem Diagramm Abbildung 51 zu ersehen ist, steigt die Härte im Untersuchungsbereich noch wesentlich an. Die Darstellung zeigt den Härteverlauf über die

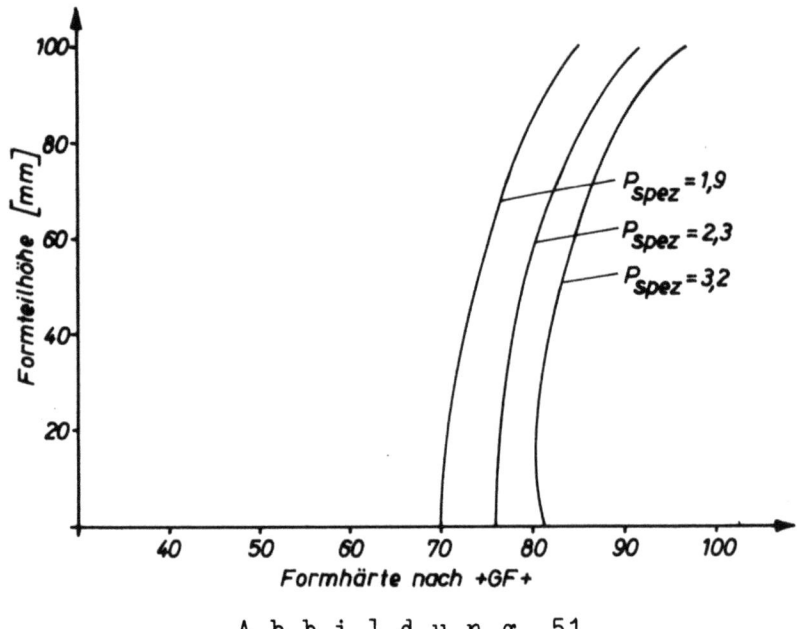

A b b i l d u n g 51
Formhärte bei verschiedenem spez. Preßdruck

Formteilhöhe bei den eingesetzten Preßdrücken. Bei den hier vorliegenden niedrigeren Preßdrücken und der für das Pressen recht großen Höhe tritt noch kein wesentlicher Unterschied der Härte in der mittleren Formteilschicht auf, wie es Abbildung 14 für gleich hohe Formen bei hohem spezifischen Preßdruck veranschaulicht. Bei wesentlich höheren Drücken verschwinden die Unterschiede wieder, da der spez. Preßdruck ausreicht, um das Fließen der Teilchen über alle Schichten hin zu erreichen, so daß ein Ausgleich des starken Härteanstiegs am Formteilrücken und an der Modellseite erfolgt, vgl. Abbildung 14. Gerade diese Tatsachen gaben die Hoffnung, durch wesentlich höheren Druck eine noch größere Gleichmäßigkeit der Form auch bei wesentlich vergrößerten Formteilhöhen zu erzielen. Grundlegend ist also das Fließen des Sandes. Schon zu Beginn seiner Versuche [5] hatte der Berichter diese Tatsache erkannt. So wurde zur Bestätigung nochmals geprüft, ob schnelles oder langsames Betätigen des Preßventils einen Einfluß auf die Härteausbildung besitzt. Auf Grund der Erfahrung wurde die Gesamt-Preßzeit dann konstant gehalten. Zum Füllen des Preßzylinders mit Luft ist eine ausreichende Zeit erforderlich, da sonst in der Maschine nicht der gewünschte Maschinendruck p_m entsteht und somit auch nicht der gleiche Nutz- und spez. Preßdruck (vgl. Abb. 40).

Die Diagramme Abbildung 52 zeigen die Härteverteilung über die Formteilhöhe. Hierin sind Höchst- und Mindestwert und der Mittelwert der

Härte jeder Schicht aufgetragen. Das schraffierte Feld zeigt den Härtebereich, in dem alle gemessenen Werte liegen. Ein schnelles Öffnen des Ventiles ergibt zwar eine große Härte am Formteilrücken, läßt aber eine deutliche Verbreiterung des Streubereiches an der Modellseite erkennen. Beim langsamen Öffnen des Ventils wird die Härte gleichmäßiger und der Streubereich eingeschränkt. Diese Tatsache bestätigt, daß der Sand zum Fließen ein gewisse Zeit benötigt. Es ist also günstiger, auf den Formsand langsam und gleichmäßig ein Druckpotential auszuüben. Die Gleichmäßigkeit der Formen aber ist ein Ziel der mechanischen Formherstellung. Aus diesem Grund sollte für das Pressen das Ventil so ausgebildet werden, daß der Mann nur den Preßvorgang einleiten kann. Die Beendigung ist durch ein Zeitschaltwerk selbsttätig auszuführen.

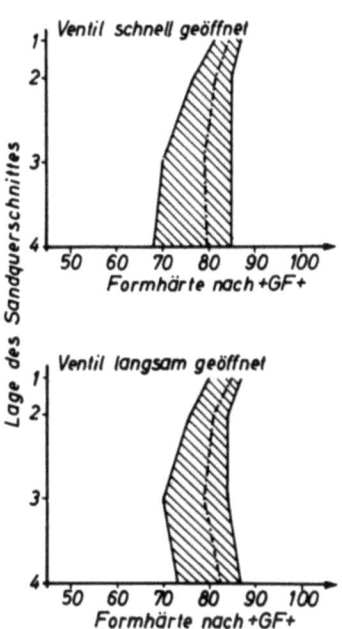

Abbildung 52

Streuung der Härtewerte beim schnellen und langsamen
Öffnen des Preßventils

Für das Fließen des Sandes ist bekannt, daß ein erhöhter Wassergehalt sich ungünstig auswirkt. Zur Bestätigung wurde auch hierfür eine Versuchsreihe durchgeführt. Es wurde ein synthetischer Sand mit 5 % Bentonit verwendet. Der Feuchtigkeitsgehalt wurde zwischen 1 und 5 % geändert. Die Aufbereitung des Sandes erfolgte stets in gleicher Weise und bei gleicher Füllung der Aufbereitungsmaschine. Die Formen wurden durch unbegrenztes Pressen hergestellt. Die Härtemessungen wurden stets in gleichen Schichten vorgenommen. Der spezifische Preßdruck lag bei dem üblich verwendeten Wert von 2,5 kp/cm^2.

Der verwendete Sand benötigt einen Mindestwassergehalt von 1,5 %, um ihn überhaupt formfähig zu machen. Mit steigendem Wassergehalt nimmt für einen geringen Bereich die Formhärte zu, um nach einem Maximum gemäß Abbildung 53 fast linear abzufallen. Dies läßt sich dadurch erklären, daß eine auf den Bindergehalt abgestimmte Wassermenge erforderlich ist, um den Binder in Gel zu überführen. Der dann überschüssige Wassergehalt liegt ungebunden im Sand vor und behindert das Fließen des Sandes.

Die hier dargestellten Erkenntnisse fanden ihre Bestätigung beim später aufgeführten Hochdruckpressen. Sie waren damit Hinweise, wie die Untersuchungen beim Hochdruckpressen durchzuführen waren.

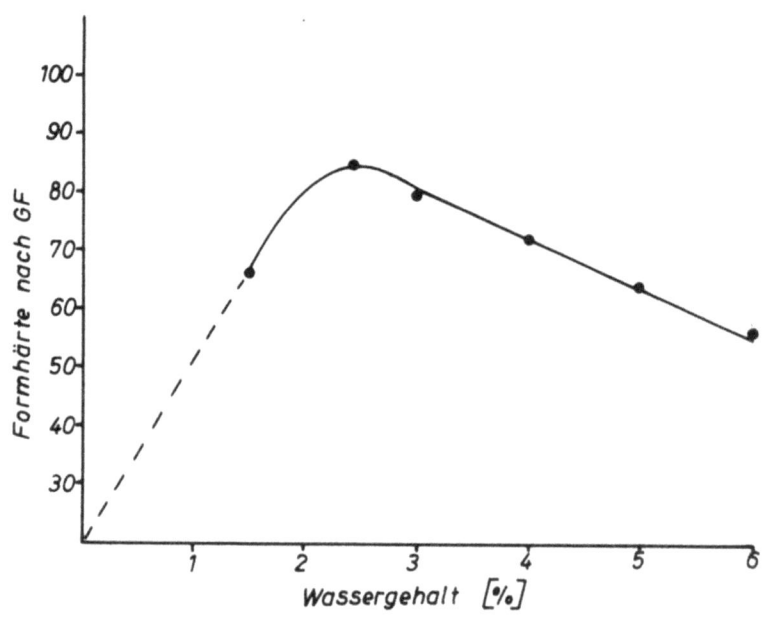

A b b i l d u n g 53
Abhängigkeit der Formhärte vom Feuchtigkeitsgehalt
des Formsandes

1.8 Einfluß der Beschwergewichte

Zu Beginn seiner Arbeiten über Formmaschinen hatte sich der Berichter besonders mit dem kastenlosen Formen befaßt. Das Schema der Verfahrenstechnik zeigt Abbildung 54. Dabei werden Formen durch Pressen oder durch Rütteln unter Preßdruck (wie im Schema) in Kästen erstellt, die zur Maschine gehören. Dann werden die Kästen abgezogen (Spreizkästen) oder abgeschlagen (Abschlagkästen). Die unbewehrten Ballen werden dann auf den miteingeformten Rosten abgetragen und auf die Gießstrecke abgesetzt.

Bei kleinen Abmessungen (max um 600 · 800 mm^2 Formteilfläche) werden die Ballen beschwert und diese unbewehrten Ballen (kastenloser Guß) dann abgegossen. Neben den verminderten Kosten durch Wegfall des Kastenparks, durch Zeiteinsparung durch gleichzeitiges Pressen beider Formteile und durch das einfachere Ausschlagen, hob die Praxis stets den wesentlich genaueren Guß hervor. Der Berichter erhärtete diese Feststellung der Praxis 1951/52 durch Versuche und Aufnahmen im Betrieb. Besonders geringere Gewichtsschwankungen traten dabei zu Tage. Diese Untersuchungen waren der Anlaß, sich mit dem Pressen vertieft zu befassen, und somit der Beginn der vorliegenden Arbeit.

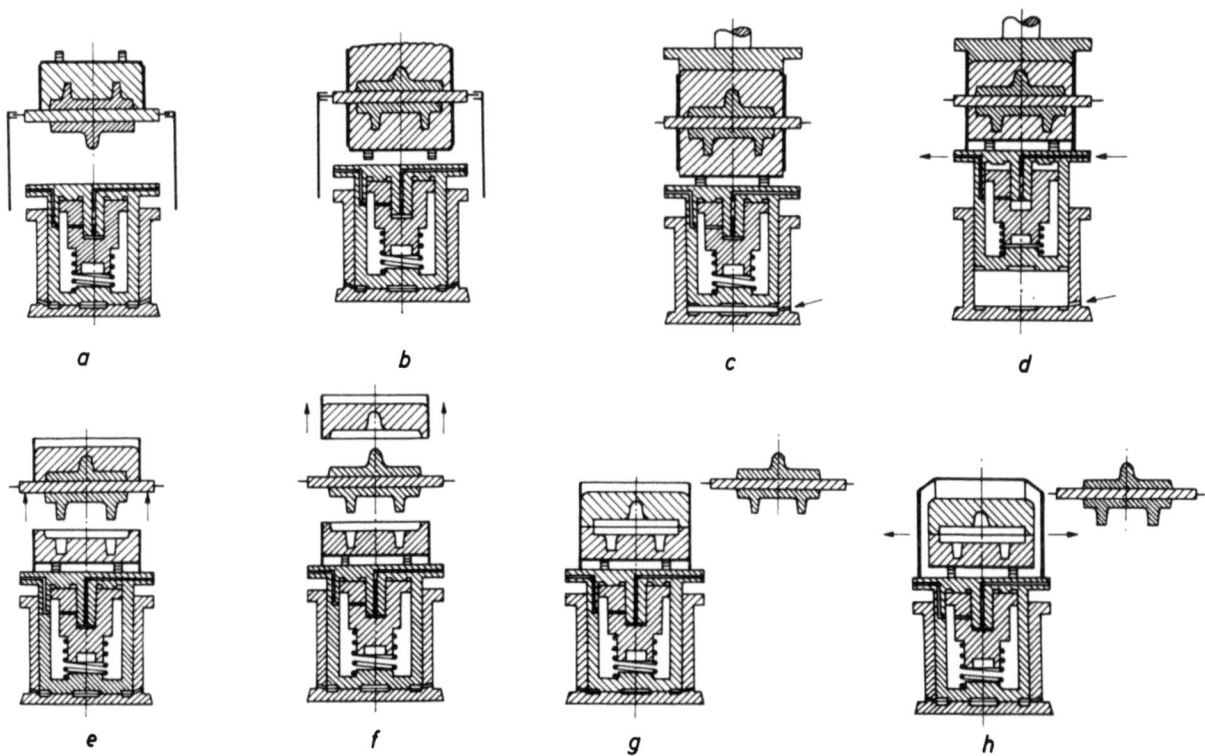

Abbildung 54

Das Herstellen unbewehrter Ballen nach dem Wende-Abschlag-Verfahren
    a) Unterkasten aufsetzen, Sand einfüllen, Rost aufsetzen
    b) Wenden, Oberkasten aufsetzen, Sand einfüllen
    c), d) Rütteln unter Preßdruck
    e) Modell ausheben
    f) Formoberteil abheben,
    g) Formteile zusammensetzen
    h) Formkasten abspreizen

Die daran anschließenden, stärker theoretisch ausgerichteten Untersuchungen in Verbindung mit Aufnahmen von Indikator-Diagramm ließen die Vorgänge beim Pressen wesentlich genauer erfassen. Daraus ergab sich die Erkenntnis, daß das Beschweren sicher einen wesentlichen Anteil an der Güte der Erzeugung beim kastenlosen Formen besitzt. Es ist daraus als Folgerung abzulesen, daß alle Verklammerungs- und Beschwerverfahren nur ihre optimale Wirkung erhalten, wenn der Sand daran gehindert wird, aufzubeulen. Daher ist also die Sandoberfläche der Form zu beschweren, nicht der Kastenrand zu belasten. Es zeigte sich außerdem, daß beim kastenlosen Formen weitgehend unbegrenzt gepreßt wurde. Im Gegensatz zum Pressen bei anderen Formmethoden wurde hierbei also ein wesentlich höherer spezifischer Preßdruck tatsächlich und konstant ausgeübt. Schwankungen der Verdichtung und der Härte, wie sie beim üblichen Arbeiten also die Regel sind, treten hier somit nicht auf. Daher muß die günstigere Preßmethodik auch ihren Anteil an der verbesserten Güte der Erzeugung besitzen.

Diese Erkenntnisse wurden durch eine Versuchsreihe auf kastenlosen Formmaschinen durch A. HOFFMANN, Westfalie Lünen durchgeführt, bei der nur die spez. Preßdrücke verändert wurden. Die Ergebnisse wiesen erhebliche Streuungen auf, so daß als Fortsetzung dieser Versuchsreihe des Fachausschusses Gießerei-Maschinen und -Einrichtungen des VDG die hier zu besprechenden Untersuchungen gefahren wurden. Sie gehören mit zu der Aufgabenstellung dieses Berichtes.

In den Versuchen wurden nun der Preßdruck und die Größe des Beschwergewichtes geändert. Die spezifische Belastung der Form durch das Beschwergewicht wird dabei auf die Gesamtoberfläche des Ballens bezogen. Die Gewichte waren so gewählt, daß von einer betrieblich ausreichenden Abdeckung des ganzen Ballens gesprochen werden kann. Es ist sicher nicht voll richtig, die Größe des Beschwergewichtes auf die Ballenoberfläche zu beziehen, da für den Auftrieb nur die Fläche maßgeblich sein kann, die einen Auftrieb verursacht. Es sollte danach folgerichtig der gesamte ferrostatische Druck und die ihn entgegenwirkende Belastung angegeben werden. Jedoch war das Versuchsgußstück stets gleich (siehe Abb. 55).

Sieht man von dieser Umrechnung ab und vergleicht die Versuche, die jeweils unter denselben Bedingungen wie Ballenfläche und Ballenhöhe ausgeführt wurden, so kommt man dennoch zu der hier erwünschten Aussage. Zwar kann auf Grund dieser Versuche keine mathematische Formel für die Verbesserung der Maßgenauigkeit gegeben werden. Stets werden die

Verdichtungsverhältnisse mitwirken, die sich durch andere Sandarten, unterschiedliche Aufbereitung u.a. ergeben. Daher war es nur nötig, die sich einstellende Grundtendenz zu erarbeiten.

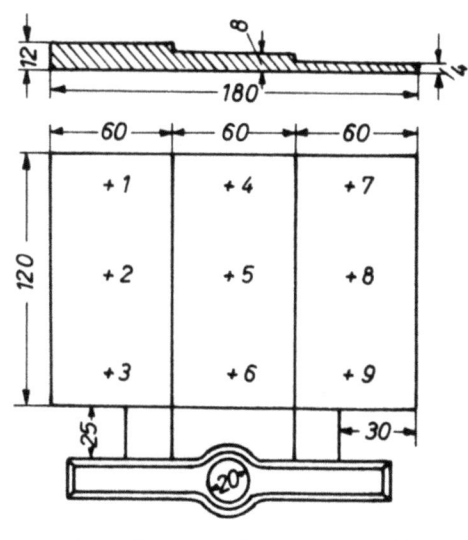

A b b i l d u n g 55
Versuchsmodell für Beschwerversuche

Die Versuche wurden mit betonitgebundenem Formsand mit 8 % Bentonit, 5 % Kohlenstaub und 4,2 % Wasser durchgeführt. Als Modell wurde ein Stufenmodell Abbildung 55 verwendet. In jeder Versuchsreihe wurden 10 Abgüsse erstellt, die unterschiedlich beschwert wurden, wobei die einzelne Reihe mit geändertem spez. Preßdruck geformt wurde. Das Sollgewicht wurde in den folgenden Auswertungen mit 100 % angesetzt. Die Wandstärke wurde an den gekennzeichneten Meßpunkten bestimmt. Als Meßeinrichtung diente ein Schnelltaster mit 1/10 mm Teilung.

Die Versuche sind in Tabelle 7 zusammengestellt. Das Sollgewicht wurde aus der geometrischen Form ermittelt bei einem spez. Gewicht des verwendeten Gußeisens von 7,38 kp/cm^2.

Abbildung 56 gibt die Gewichtstoleranzen bei p_{spez} = 4,4 kp/cm^2 bei sich ändernder Beschwerung wieder. Es zeigt sich sehr deutlich, daß besseres Beschweren engere Gewichtstoleranzen ergibt. Die Maßabweichung zeigt bei den anderen Preßdrücken die gleiche Tendenz.

Die nachfolgende Abbildung 57 zeigt die Gewichtsänderung bei gleicher Beschwerung (in kp/cm^2 Formteilfläche), aber geändertem spezifischem Preßdruck. Aus dem Diagramm ist ersichtlich, daß das Beschwergewicht schon zu groß war, denn die Toleranzen liegen schon im negativen Bereich.

Tabelle 7

Sollgewicht und Wanddicken beim Beschwerversuch

$G = 1,258$ kg; $S_1 = 12,0$ mm; $S_2 = 8,0$ mm; $S_3 = 4,0$ mm

p_{spez} [kp/cm²]	G/F_{Ka} [p/cm²]	Gewicht [kg]	Meßpunkte (Mittelwerte) [mm]									
			1	2	3	4	5	6	7	8	9
4,4	7,4	1,243	12,05	12,16	12,36	8,11	8,36	8,68	4,13	4,25	4,34
4,4	15	1,251	12,08	12,18	12,45	8,24	8,44	8,72	4,15	4,31	4,33
4,4	22	1,221	11,98	11,97	12,21	8,08	8,22	8,47	4,01	4,13	4,11
4,4	30	1,223	11,97	12,04	12,22	8,11	8,26	8,48	4,01	4,12	4,14
4,4	37	1,215	11,92	11,97	12,14	8,03	8,2	8,4	4,01	4,08	4,1
5,15	20	1,169	11,7	11,63	11,8	7,82	7,8	7,99	3,82	3,81	3,85
5,15	24	1,18	11,72	11,66	11,8	7,85	7,82	8,05	3,81	3,81	3,88
6,2	17	1,179	11,76	11,7	11,88	7,85	7,85	8,11	3,81	3,81	3,93
6,2	26	1,163	11,68	11,58	11,74	7,76	7,75	7,96	3,79	3,75	3,8
7,75	1,2	1,182	11,85	11,68	11,91	8,03	8,06	8,28	3,8	3,78	3,84
7,75	29	1,16	11,67	11,59	11,74	7,69	7,75	7,96	3,74	3,71	3,79

Es ist auch möglich, daß das spez. Gewicht des Eisens zur Bestimmung des theoretischen Gewichts des Probekörpers zu hoch bemessen wurde.

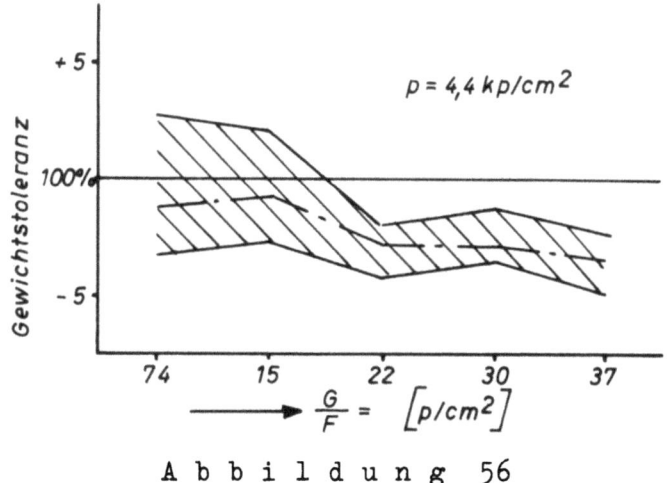

Abbildung 56

Gewichtstoleranzen bei geändertem Beschwergewicht

Trotzdem ergibt eine Vergrößerung des spezifischen Preßdruckes eine Einengung des Toleranzbereiches, der von einem bestimmten etwa bei 5 kp/cm² liegendem Preßdruck an konstant bleibt. Diese Grenze bei etwa 5 kp/cm² ist auch an anderer Stelle nachzuweisen.

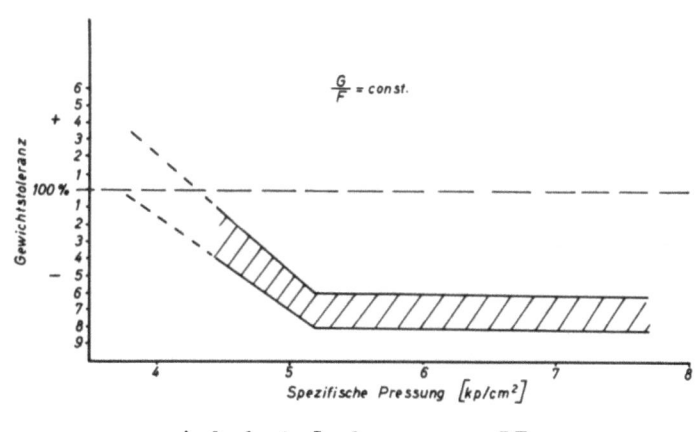

Abbildung 57

Gewichtstoleranzen bei geändertem spez. Preßdruck

Die gleiche Tendenz ist aus den Wanddicken-Messungen zu entnehmen. So zeigt Abbildung 58 die Änderung der Wanddicken bei p_{spez} = 4,4 kp/cm² als Parallele zu Abbildung 56 und Abbildung 59 die gleiche Abhängigkeit für ein konstantes Beschwergewicht, aber geändertem spezifischem Preßdruck.

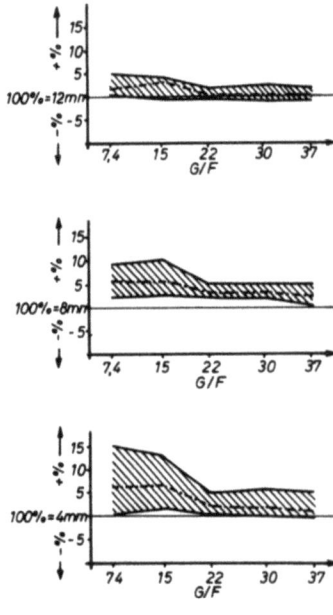

A b b i l d u n g 58
Maßtoleranzen bei geändertem Beschwergewicht

Bis zu einer bestimmten Belastung durch das Beschwergewicht tritt also eine Toleranzverkleinerung ein. Darüber hinaus bleibt die Schwankung konstant. Wird also dem Auftrieb mit Sicherheit das Gegengewicht gehalten, so ist die Maßschwankung von allgemeinen gieß- und formtechnischen Bedingungen abhängig. Das Beschweren muß also auf jeden Fall in physikalisch richtiger Größe erfolgen, um enge Toleranzen zu erreichen. Eine der formtechnischen Bedingungen zum Erzielen geringer Maßschwankungen ist eine ausreichende hohe Verdichtung. Diese Untersuchungen lassen somit zusätzlich den Schluß zu, daß das Hochdruckpressen einen Weg weist, um ein Minimum an Maß- und Gewichtsabweichungen zu erreichen.

Die aus der Härtemessung unter bisher bekannten Bedingungen gezogenen Folgerungen werden somit weitgehend widerlegt. Die Härte schien nach bisheriger Ansicht oberhalb eines spezifischen Preßdruckes von etwa 3 kp/cm^2 (abhängig von der Sandart) kaum zu steigen. Dies aber muß im wesentlichen ein Fehlschluß sein, der auf der Ausbildung der Meßgeräte und damit auf der unzureichenden Aussagefähigkeit der Härtemessung beruht.

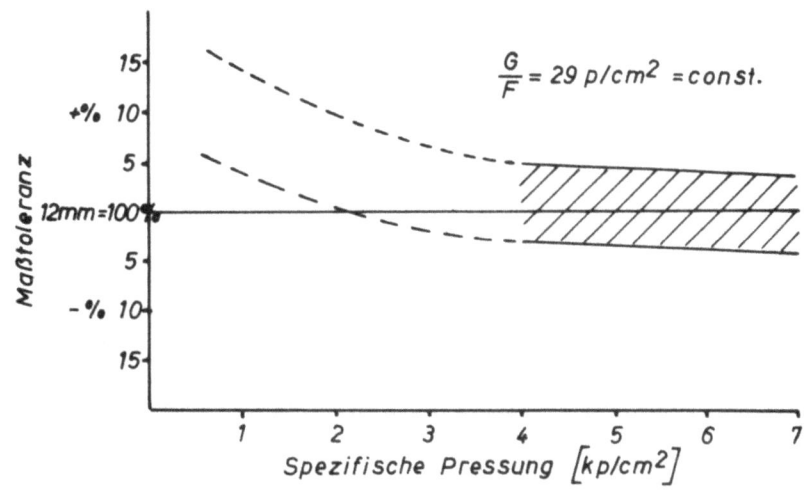

Abbildung 59

Maßtoleranzen bei geändertem spez. Preßdruck

2. Sandkennwerte und Güte der Formherstellung

Auch in der Gießerei ist der Produktionsgang eine vielgestaltige Kette von Vorgängen, die alle auf das Endprodukt, ein Gußstück mit gewünschter Qualität, einwirken. Im engsten Sinne könnte also nur ein jeder Vorgang aus dieser Kette dadurch beurteilt werden, welchen Einfluß die Änderung seines Ablaufs, also die Änderung seiner Güte, auf das Endprodukt ausübt. Es müssen also durch Abstraktion alle anderen Produktionsgrößen und -Einflüsse unverändert gehalten werden, so daß die Abwandlungen des zu untersuchenden Vorgangs sich allein auf das Endprodukt auswirken.

Im vorliegenden Fall soll die Abhängigkeit der Gußstückgüte vom Preßvorgang - oder allgemein vom Formvorgang - untersucht werden. Somit müssen die metallurgischen Verhältnisse sich nicht ändern. Aber auch Sandgüte und Aufbereitung sollen konstant bleiben. Unter diesen Bedingungen ist dann das erstellte Gußstück zu beurteilen, wie es beim Beschweren (Abschnitt 1.8) durchgeführt wurde.

Die Schwierigkeiten dieses Verfahrens und erst recht der damit verbundene Aufwand führen dazu, nach einer einfacheren Aussage-Möglichkeit zu suchen. Allgemein ist man geneigt, an dem betreffenden Glied der Kette selbst - hier also des Formvorgangs - durch Prüfverfahren zu entscheiden, ob die Eignung für das Endprodukt vorliegt. Auch soll durch ein Prüfverfahren erreicht werden, daß ungeeignete Glieder der Kette - also unzweckmäßig erstellte Formen in diesem Fall - ausgeschieden werden können.

Es muß also ein Verfahren gesucht werden, das darüber entscheidet, ob die erstellte Form das gewünschte Gußstück liefert. Dabei aber tritt die Schwierigkeit auf, daß die Güte der Form von all den Bedingungen mit abhängt, die zu ihrer Erstellung nötig sind. Die Güte der Aufbereitung und die Eigenschaften des Sandes sind also neben den maschinentechnischen Einflußgrößen mitbestimmend bei der Erstellung einer geeigneten Form. Um so erklärlicher ist es, daß das Bestreben vorliegt, die bekannten Methoden der "klassischen Formsandprüfung" (hierunter soll das Bestimmen von Siebanalyse, Wassergehalt, Gasdurchlässigkeit und Festigkeit vornehmlich verstanden sein) zur Gütebestimmung des Verdichtungsvorganges mit heranzuziehen.

Die Entwicklung der Sandprüfung ging im Grunde von den gleichen Vorstellungen und Zielsetzungen aus. Sie wollte ein Verfahren finden, um den geeigneten Sand für ein gutes Gußstück liefern zu können. Dabei wurde die Formverfahrenstechnik konstant gehalten. Sie ist "die im jeweiligen Betrieb übliche" Formtechnik.

Aus der Erfahrung der Jahrzehnte vor der Einführung der Sandprüfung war bekannt, daß für eine bestimmte Fertigung eine Sandzusammensetzung angegeben werden kann, die "gute" Gußstücke liefert. Aufgabe der Sandprüfung war es, diese Sandzusammensetzung zu garantieren. Sie sollte also damit Abweichungen von der Zusammensetzung verhindern. Diese Abweichungen konnten durch die Änderung des Sandaufbaues durch das Abgießen, aber auch durch Qualitätsänderung der angelieferten Rohstoffe entstehen. Wieder wurde abstrahiert, und die Kenngrößen Gasdurchlässigkeit, Druck- und Scherfestigkeit als Beurteilungsmaßstäbe haben ihre Bedeutung für die dargestellten Aufgaben seit fast vierzig Jahren unter Beweis gestellt. Ihre Bedeutung für die Formsandwirtschaft kann nicht hoch genug angesetzt werden.

Schon bald zu Beginn dieser Entwicklung wollte RODEHÜSER die Verbindung zwischen Sandwirtschaft und Formtechnik schaffen, indem er über "die Härte der Form" den Zusammenhang mit den "klassischen" Sandkennwerten aufzeigte. Leider blieb von seinen Bemühungen nur die Tatsache übrig, daß die Härte der Form unabhängig von den anderen Sandkennwerten gemessen wird. Dieses "Vergessen der Zusammenhänge" führte dazu, daß die Formsandwirtschaft mit ihren Prüfmethoden eigene Wege beschritt, die den Zusammenhang mit der erstellten Form verlor.

In jüngster Zeit drängt nun die Formtechnik in ihrer Bedeutung für den
betrieblichen Ablauf nach vorn. Sie will durch Verbesserung ihrer Verfahrenstechnik gleichfalls mit dazu beitragen, daß die Güte des End-
produktes steigt. Sie erhebt die Frage: welche Sandeigenschaften müssen
vorliegen, um zum Beispiel bei höheren spezifischen Preßdrücken noch
abgießbare Formen zu gewährleisten. Die Sandprüfung aber ist nur auf die
"übliche" Formmethodik zugeschnitten. Es ist zu fragen, ob sie bei ihrer Betrachtungsweise den Formvorgang nicht außer Ansatz läßt, ihn also
ausklammert. Die Sandwirtschaft geht von den Sandzusammensetzungen aus,
die "unter üblichen Formbedingungen" gute Abgüsse lieferten und schafft
ein Verfahren, das im wesentlichen erlaubt, die Eigenschaften des Sandes als Rohstoff zu beurteilen. Seine Einsatzmöglichkeit aber für andere
als "übliche" Formmethoden ist damit nicht unter Beweis gestellt.

Ist diese Darstellung des Wesens der heutigen Formsandprüfung richtig,
so wird es nötig sein, empirisch durch Erstellen von Formen und Abgüs-
sen, den Sand zu ermitteln, der für jede neue Formverfahrenstechnik
zweckmäßig ist. Ist dieser Sand dann gefunden, so läßt sich seine Güte
im Betrieb mit Hilfe der "klassischen Sandprüfung" wiederum konstant
halten.

Hinweise aus der Praxis bestätigen die Richtigkeit der hier angeführten
Grundsatz-Überlegungen. So konnte folgendes festgestellt werden [25]:
Eine Anlage mit Schleuderformmaschine wird durch zwei Mischer-Anlagen
gespeist. Die Sandzusammensetzung ist für beide Mischertypen stets die
gleiche. Jedoch müssen jeweils andere Sandkennwerte durch den Mischvor-
gang erreicht werden, wenn auf der nachgeschalteten Schleuderformmaschine
abgießbare Formen erstellt werden sollen. Die klassischen Sandkennwerte
sind also kein Maß für das Erstellen einer zweckmäßigen Form. Das ge-
änderte Glied der hier geschilderten Fertigungskette ist nur das System
und die Bauausführung des jeweils eingesetzten Mischers. Beides sind
Trommelmischer, Sonderbauformen der Kollergänge.

Ein zur Bestätigung angesetzter qualitativer Versuch sollte ermitteln,
ob auf Rüttel-, Preß- und Schleuderformmaschinen der gleiche Sandzustand
die besten Formen liefert. Als Güte der Form wurde die maximale mittlere Härte der erstellten Form an der Modellseite gewählt. Als Versuchssand wurde ein bentonitgebundener Sand verwendet, dessen Feuchtigkeits-
und Bindergehalt geändert wurden. Mit jedem Bindergehalt und jeder
Feuchtigkeit wurden dann Formen nach den drei Verdichtungsverfahren erstellt. Diejenige Sandqualität wurde jeweils als "zweckmäßig" heraus-

gestellt, bei der die größte mittlere Härte ermittelt wurde. Dabei zeigte sich, daß der "formfähige Zustand" je nach Verdichtungsverfahren verschieden ist. Es will so scheinen, als ob durch die "klassischen Sandkennwerte" nur Grenzen festgelegt werden, die zum guten Abgießen der Form nötig sind. Für das Formen ist darüber hinaus ein richtig abgestimmtes "Fließvermögen" erforderlich, um die ausreichende Härte am Modell zu erzeugen. Ob dadurch mit dem Ausdruck "Fließvermögen" die gesuchte Eigenschaft richtig gekennzeichnet ist, soll nicht entschieden werden.

Doch sollte bei kommenden Überlegungen über Sandprüfverfahren stets die Verbindung zum praktischen Verdichtungsvorgang aufrechterhalten bleiben. Es sollten keine Prüf- und Versuchsbedingungen gewählt werden, die die betrieblichen Verdichtungsvorgänge nicht in den Prüfungsvorgang mit einbeziehen. Ungern wird man neue Methoden wählen wollen, da die Parallele zu den Versuchsbedingungen- und Ergebnissen der "klassischen Sandprüfung" verlorengeht. Doch sollte dies nicht der Grund sein, sich über die notwendige Bindung an die betrieblichen Verdichtungsverfahren hinwegzusetzen. Es könnten sonst Kennwerte entstehen, die keine Aussagefähigkeit für das praktische Erstellen der Form besitzen.

Diese Frage stand hier eigentlich nicht an. Es war vielmehr zu prüfen, ob sich ein geeigneter Sand für das Hochdruckpressen im Labor durch Einsatz der "klassischen Sandprüfmethoden" würde finden lassen. Wenigstens sollten die Erkenntnisse an hochverdichteten Formsandproben die nötigen Untersuchungen einengen helfen. Zu diesem Zweck aber wurde geprüft, ob eine vergleichbare Übereinstimmung zwischen den Proben im Labor und gleichartigen Prüfkörpern auf heute üblichen Betriebsmaschinen vorhanden ist.

Um vergleichbare Werte für die Sandprüfung zu bekommen, wurden Formteile erstellt, deren Höhe im verdichteten Zustand 50 mm betragen. Schon dabei ist festzustellen, daß selten eine Form nur diese Höhe besitzen wird. Andererseits aber wird ein wesentlicher Anteil der Sandsäulen über den Modellen bis zu dieser Höhe heruntergehen. Aus diesem Grunde ist es sicher angebracht, wenn Sandprüfungen, die den Zusammenhang mit der verdichteten Form klären wollen, nicht nur die Einheitshöhe verwenden. Die Normalhöhe ist wiederum nur anwendbar, wenn es allein darauf ankommt, den Anlieferungszustand eines Sandes oder den im Betrieb umlaufenden Sand darauf zu untersuchen, ob er seine Eigenschaften beibehält.

Zum Erstellen der Prüfkörper auf Formmaschinen sind zwei Methoden möglich, die sich beide bewährt haben, das Ausstech- und das Einformverfahren, abweichend von V. FREY (vgl. S. 12).

Beim Ausstechverfahren werden übliche Formteile - falls nötig mit oder ohne Modell - nach dem gewünschten Verfahren so erstellt, daß die Endhöhe des Formteils oder der auszustechenden Sandsäule über einer Modellpartie gerade 50 mm beträgt. Die richtig zu bemessende Füllrahmenhöhe ist durch Versuch zu ermitteln. Daraus geht schon hervor, daß die Prüfung nur mit erheblichem Zeitaufwand durchführbar ist. Sollen andere Formteilhöhen untersucht werden, so ist entsprechend zu verfahren, damit die gewünschte Endhöhe des Formteils sich einstellt.

Für die Versuchsdurchführung ist es außerdem noch wichtig, daß der zeitliche Ablauf der Verdichtungsvorgänge gleichfalls eingehalten wird. Sonst sind keine reproduzierbaren Werte zu erwarten. Aus den vorher dargelegten Einflußgrößen auf die Verdichtung ist zu ersehen, daß die Dauer der Druckeinwirkung beim Pressen mit für den Verdichtungszustand verantwortlich ist. Beim Rütteln ist die Dauer des Arbeitens noch stärker für die erzeugte Verdichtung verantwortlich.

Das Ausstechen muß mit einer angeschärften, möglichst dünnen und sich sehr langsam verjüngenden Büchse erfolgen. Die Verjüngung muß auf der Außenseite angebracht sein. Die Büchse muß innen feinstbearbeitet sein, um ein Reißen des Probekörpers zu vermeiden. Das Ausstechen selbst sollte nicht von Hand vorgenommen werden. Beim Handausstechen läßt sich die Büchse nicht genau genug senkrecht führen. Auch kann der Druck nicht gleichmäßig ausgeübt werden, gerissene Probekörper können nicht verwendet werden. Bei einiger Übung kann nach diesem Verfahren ein unbeschädigter Prüfkörper erstellt werden.

Beim Einformverfahren werden Hülsen mit einem Innendurchmesser und der Höhe von 50 mm mit eingeformt. Hierbei ist wiederum so zu verfahren, daß die Endhöhe des verdichteten Formteils 50 mm beträgt. Beim Pressen ist die Füllrahmenhöhe dem gewünschten Betriebsverfahren anzupassen. Bei den durchgeführten Versuchen wurde stets so gearbeitet, daß unbegrenzt gepreßt wurde.

Daß diese Probe mit nur einer Endhöhe keinen abschließenden Betriebsvergleich ermöglicht, ist bereits damit zu begründen, daß bei gleichem spezifischem Preßdruck die erzielte Verdichtung mit steigender Höhe der Sandsäule abnimmt. Außerdem ist die Härteverteilung über die Höhe der

Form weitgehend von der Höhe der Sandsäule abhängig. Die Härteverteilung aber scheint die Gasdurchlässigkeit der Probe maßgeblich zu beeinflussen. Sicher ist dabei die härteste Schicht ausschlaggebend. Ihr Porenquerschnitt ist der geringste, so daß diese Schicht weitgehend den Gasdurchgang bestimmt. Die Untersuchungen müssen also auf alle Probenhöhen ausgedehnt werden, die betrieblich von Bedeutung sind. In den vorgelegten Versuchen sollte aber erst nur geklärt werden, ob ein vergleichbarer Wert durch maschinelles Verdichten und nach der "klassischen Prüfmethodik" zu erzielen ist.

Als Versuchssand diente ein bentonitgebundener Quarzsand H 30 der Firma Quarzwerke GmbH., Köln, mit 5 % Bentonit, 3 % Wasser und 4 % Kohlenstaub. Die Aufbereitung war in allen Fällen gleichartig. Es wurde 1 min trocken und anschließend 5 min naß gemischt.

Die betrieblichen Probekörper wurden alle durch Einformen erstellt. Durch einen Vorversuch war eingangs geklärt worden, daß durch Ausstechen und Einformen sich praktisch die gleichen Kennwerte ergeben. Um Unterschiede durch Unebenheiten am Preßklotz oder durch Einflüsse des Formkastens auszuschalten, wurden die Proben stets an der gleichen Stelle des Formteils entnommen. Tabelle 8 zeigt die Gegenüberstellung einer solchen Versuchsreihe bei unbegrenztem Pressen und 2,5 kp/cm^2 spezifischem Preßdruck. Die angeführten Werte sind die Mittelwerte von mehreren Proben aus 3 nacheinander erstellten Formteilen.

Tabelle 8

Kennwerte	ausgestochene Probe			eingeformte Probe		
D	260	280	250	290	300	280
S	90	70	80	70	80	100
D	35	34	38	36	34	37

Als Basis des Vergleichs wurden Probekörper nach Norm hergestellt. Weiter wurden bei 2,5 kp/cm^2 gepreßte Körper verwendet. Schließlich wurden für das Verdichten durch Rütteln als Verfahren "Rütteln und Nachpressen" angewendet. Nur gerüttelte Körper sind unbrauchbar, wie auch nur gerüttelte Formen nicht abzugießen sind, da die oberen Schichten nicht verdichtet sind. Es wurden also alle Probekörper nach einer betrieblich üblichen Methode geformt. Unter Anlehnung an die Ausführungen von

R.W. HEINE [6] wurden dann abschließend Probekörper erstellt, die - nach
Meinung von HEINE - mit der gleichen Verdichtungsenergie wie im Betriebs-
vorgang verdichtet wurden. Das Ergebnis ist in der nachstehenden Tabelle 9 und in Diagramm Abbildung 60 veranschaulicht.

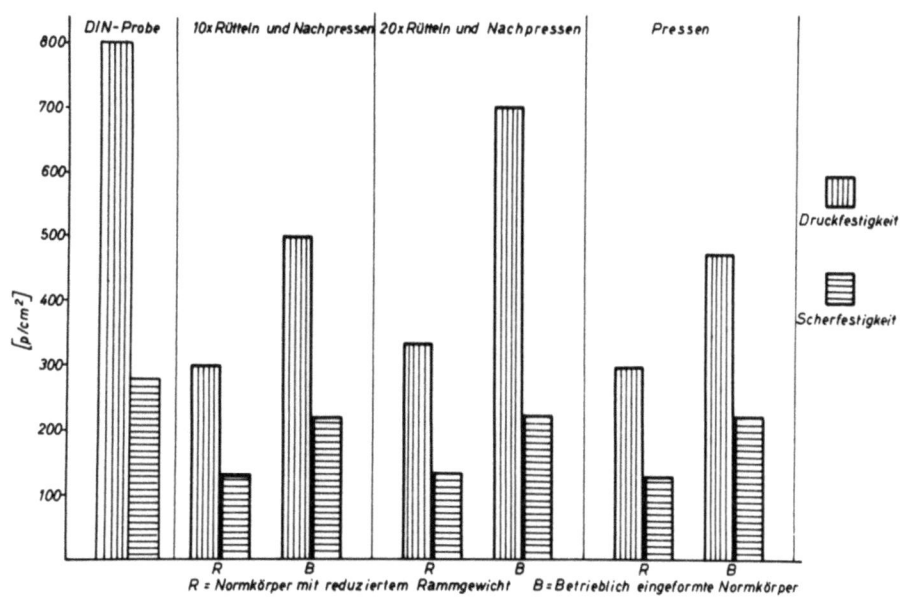

A b b i l d u n g   60

Sandkennwerte von Probekörpern bei verschiedenen Verdichtungsarten,
aber gleicher Gesamt-Verdichtungsenergie

HEINE stellt einleitend in seiner Arbeit "Does Sand Testing Give Us The
Facts?", die sich etwa mit gleichen Überlegungen befaßt, fest:

"Es wird allgemein anerkannt, daß eine in der Gießerei durch Rütteln
und/oder Pressen hergestellte Form nicht die physikalischen Sandkennwerte besitzt, um sie direkt mit den Werten in Beziehung zu setzen,
die man durch die AFS-Prüfmethoden erhält. Gießereifachleute, Metall-
urgen und Sandtechniker haben diese Unterschiede erkannt."

Auch FREY [10] kommt zu ähnlichen Erkenntnissen. Er zitierte seiner-
seits den deutschen Altmeister der Formsandprüfung, Prof. AULICH
(Seite 21 seiner Dissertation):

"Soll ein neuer Sand in die Gattierung eingeschaltet werden, so läßt
man diesen am besten mittels eines praktischen Gießversuches einer
Prüfung unterwerfen. Ist das damit erhaltene Gußstück einwandfrei
und zeigen dann die Zahlenwerte der Sandprüfung ein zufriedenstell-
lendes Ergebnis, so wird gegen die Einführung des neuen Sandes nichts
einzuwenden sein".

Tabelle 9

Verdichtungsart	Energie [kp·cm/cm²]	erforderliches Rammgewicht [kp]	Rammschläge bzw. Rüttelschläge	Fallhöhe [mm]	[p/cm²]	[p/cm²]
Rammen DIN-Probe	5,1	6,67	3	50	800	340
Pressen eingeformt	1,07	-	-	-	476	225
Pressen ausgestochen	1,07	-	-	-	485	240
Rammen als Ersatz f. Pressen	1,07	1,46	3	50	300	80
Rütteln und Nachpressen	1,20	-	10	-	500	240
Rammen als Ersatz für Rütteln und Nachpressen	1,20	1,635	3	50	300	76
Rütteln und Nachpressen	1,39	-	20	-	702	240
Rammen als Ersatz für Rütteln und Nachpressen	1,39	1,89	3	50	370	76

Überträgt man diese Ansicht auf neue Verdichtungsverfahren, so kommt man zu dem angeführten Schluß, daß wiederum nur durch systematisches Suchen und anschließendes Formen und Abgießen, der Sand für ein neues Formverfahren zu finden ist, wie es der Berichter anführte, eine unbefriedigende Lösung. Auch drückt FREY praktisch dasselbe aus, was auch HEINE feststellte:

> "Es trifft zu, daß die Meßresultate von DVM-Proben (heute DIN-Proben nach DIN 52401, wie schon öfters in der Literatur vermerkt wurde, in keinem Zusammenhang mit dem Zustand des Sandes in einer Form gebracht werden können. Der Verdichtungsgrad einer Form schwankt in einem großen Bereich, derjenige der Probe deckt sich nur an einer einzigen Stelle mit demselben."

Um so bedauerlicher ist es, daß von diesen Feststellungen nicht umfassend Kenntnis genommen wird und die Folgerungen gezogen werden. Es wird immer wieder betont, daß die Proben in der Regel zu hoch verdichtet sind. Somit kann die Folgerung aus den Erkenntnissen nicht sein, die Prüfung noch auf Proben mit stärkerer Verdichtung zu erstrecken, indem die Anzahl der Rammschläge erhöht wird.

Der Berichter möchte zum Abschluß die Folgerungen von HEINE hier einflechten (freie Darstellung):

> Die getroffenen Feststellungen (in der zitierten Arbeit, vgl. S. 55) verfolgen nicht die Absicht, das Prüfen nach der AFS-Methode (DIN-Methode) einzuschränken, ihre Aussagefähigkeit für ihren Zweck zu bezweifeln, noch sie etwa abzulehnen. Die AFS-Methode ist das Mittel, um in gut reproduzierbarer Weise die Güte-Eigenschaften eines bestimmten Sandes zu überwachen. Sie sollte unter den jetzigen Voraussetzungen jedoch nicht benutzt werden, um eine Aussage über die Verhältnisse in einer verdichteten Form zu machen oder um von ihrem Wert auf die Verhältnisse in einer Form zu schließen.

Bei einer Diskussion über diese Zusammenhänge [26] wurde angeführt, daß als Gegenbeispiel der Zerreißversuch doch auch nicht unter betrieblichen Voraussetzungen durchgeführt wird. Dennoch habe er eine umfassende Aussagefähigkeit für den Einsatz eines Werkstoffes als Konstruktionsmaterial.

Hierzu ist zu sagen, daß zwischen theoretischem Versuch und praktischer Anwendung bereits sei BACH ein Zusammenhang über die Sicherheit herge-

stellt wird. Auf Grund der verschiedenen Belastungsfälle werden die
betrieblichen Erfordernisse durch die "Sicherheit" mit eingebaut.

In neuerer Zeit werden diese Erkenntnisse noch weiter aufgegliedert,
indem z.B. für verschiedene Gestalt-Abweichungen Formziffern (α_k, β_k)
zusätzlich benutzt werden. Mit Hilfe des Dauer-Festigkeitsdiagrammes
wird auch die Belastungsart noch genauer mit in die Sicherheit einbezogen.

Der Berichter hofft, daß bei der Ausweitung der Sandprüfung der Zusammenhang zwischen theoretischem Versuch und betrieblichem Verdichtungszustand durch eine <u>Gleichung</u> (gfg. durch ein Diagramm) festgelegt werden kann. Der andere Weg wäre, die Prüfungs-Methode so abzuändern, daß einer der durchzuführenden Versuche einer Test-Prüfreihe die heute übliche Standardprüfung ist. Sie behält somit ihre gleiche Bedeutung.
Die klassische Sandprüfung ist dann die Richtgröße, an die die anderen Kennwerte anzugliedern sind.

Die Aufgabe dieser vorliegenden Arbeit ist es jedoch, Aussagen über ein Verdichtungsverfahren zu machen, nicht die Sandprüfung zu durchleuchten. Die Erkenntnisse der Sandprüfung aber sind für die Aussagemöglichkeit der Maschinen-Untersuchung von großer Bedeutung. Daher wäre es sehr zu begrüßen, wenn von zuständiger Seite die angedeuteten Arbeiten verfolgt würden.

Aus dem Bericht von HEINE u.a. [6] glaubte der Berichter einen solchen Hinweis für die betriebsgerechte Sandprüfung in bezug auf die Verdichtungsvorgänge entnehmen zu können. HEINE und Mitarbeiter rüttelten modellose Formteile auf einer Betriebsmaschine und trugen die mittlere Formhärte über den Rüttelschlägen auf. Sie fanden den bekannten Zusammenhang (vgl. Lit 5c), daß die Härte einem Höchstwert (Abb. 61) zustrebt.

Dieser ist von der Maschine, ihrem Betriebszustand, der Höhe der zu rüttelnden Sandsäule und der Sandart abhängig. Das gleiche Ergebnis erzielten HEINE und Mitarbeiter in der Tendenz durch mehrfaches Rammen. Daraus schlossen sie, da die erzielten Werte beim Rammen wesentlich höher lagen, daß zweckmäßigerweise das Rammgewicht zu ändern ist, damit die Energie beim Rammen der des Rüttelns entspricht.

Leider ist aus den Diagrammen der diskutierten Arbeit nicht zu entnehmen, ob tatsächlich bei derselben aufgewendeten Energie die gleiche mittlere Verdichtung, der gleiche Verdichtungsverlauf über die Höhe der

Form und des Probekörpers und die gleiche Härteverteilung sich ergeben. Dies kann sicher nicht eintreten, denn beim Rütteln bleibt die obere Schicht unverdichtet. Beim Rammen aber wird die untere Schicht in der Büchse (Wirkflächen liegen beim Rütteln unten, beim Rammen oben, die Flächenlagen also kehren sich um) auf jeden Fall mitverdichtet. Jedoch beziehen sich diese Untersuchungen nicht auf das Pressen und sollen daher nicht zu Ende diskutiert werden.

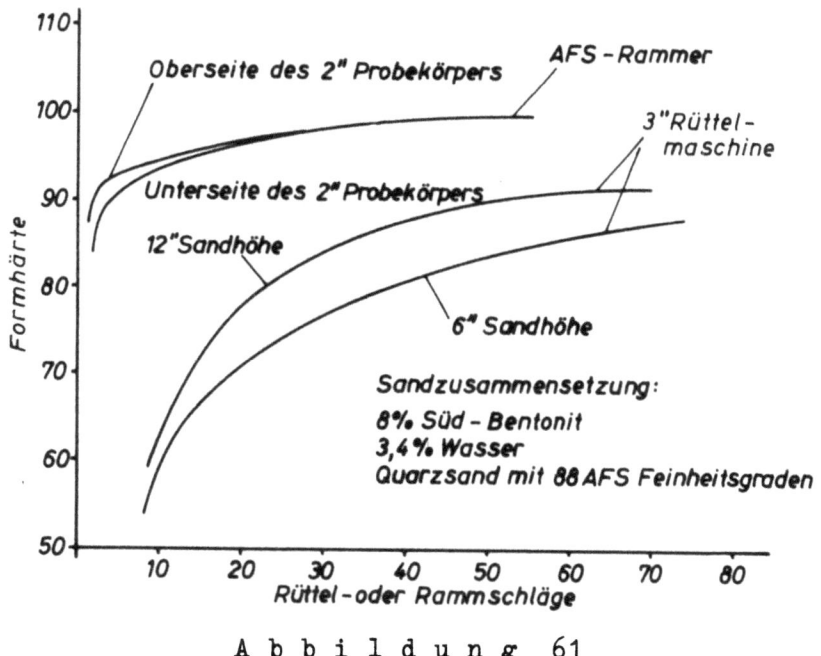

A b b i l d u n g   61

Formhärte von Probekörpern in Abhängigkeit von der Anzahl der Ramm- oder Rüttelschläge bei verschiedenen Verdichtungsarten

Schon aus den angestellten Überlegungen erscheint es verständlich, daß die von HEINE vorgeschlagene Änderung der Ramm-Energie für das Pressen keine vergleichbaren Proben ergeben kann.

Die gleiche Energie kann z.B. auch dadurch erreicht werden, daß die Gesamtenergie in mehrere Rammschläge aufgeteilt wird. Das Ergebnis einer solchen Untersuchung zeigt Abbildung 62 für die gleiche Gesamt-Rammenergie. Das Ergebnis ist darüber hinaus eine Bestätigung der bekannten Tatsache, daß bei kleinerer Schlagarbeit eines Rüttlers nur eine geringe Verdichtung erreicht werden kann.

In den aufgezeigten Versuchen mit verändertem Rammgewicht wurde auch das Pressen durch Verdichten mit drei Rammschlägen nachzubilden versucht, wobei gleichfalls die beim Pressen erforderliche Verdichtungsenergie aufgewendet wird. Als Rammzahl wurden 3 Schläge verwendet, um die Parallele zum Norm-Versuch zu halten. Die Verdichtungsarbeit für das Pressen wurde in nachstehender Weise ermittelt:

Beim Einformen der Probekörper auf der Betriebsmaschine wurden Indikatordiagramme aufgenommen und aus ihnen in bekannter Weise die Nutzarbeit bestimmt. Es ergaben sich 15,6 kp · cm bei 1 460 cm^2 Formteilfläche und somit 1,07 kp · cm/cm^2 Formteilfläche. Bei einer Fallhöhe von 4,8 cm und 3 Rammschlägen ergibt sich somit ein Rammgewicht von 1,46 kp. Das Ergebnis stellt einen der Meßpunkte im Diagramm Abbildung 62 dar. Der Wert für einen Rammschlag wurde in die Vergleichsuntersuchung Abbildung 60 übernommen.

Beim Rütteln und Nachpressen wurde die Rüttelenergie je Schlag aus der Hubhöhe und dem Gewicht der Sandsäule ermittelt (= 0,018 kpcm/cm^2 Formteilfläche), die Energie beim Nachpressen aus den jeweils verschiedenen Preßdiagrammen. Die Verdichtung ist bei Formen, die mit 20 Schlägen auf einer Rüttelmaschine erstellt wurden, bereits größer, so daß die Preßarbeit bei 10 Rüttelschlägen 1,02 kpcm/cm^2 und 1,64 kpcm/cm^2 bei 20 Rüttelschlägen betrug.

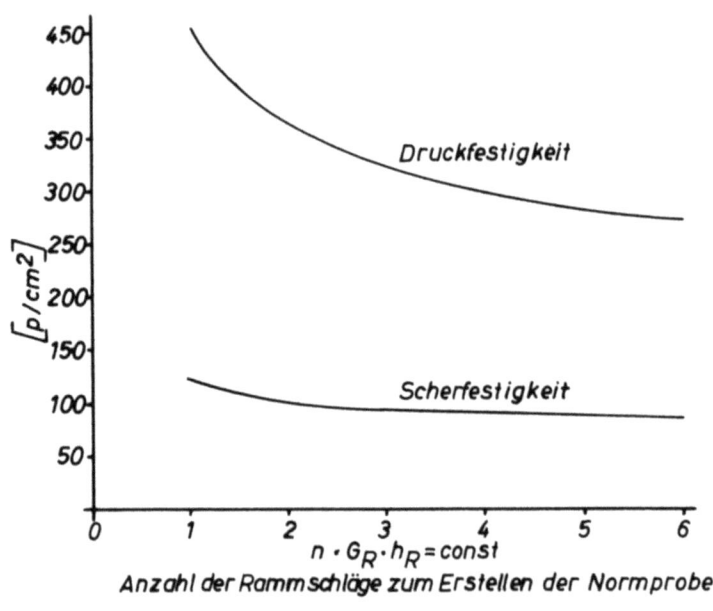

Abbildung 62

Sandkennwerte bei verschiedener Anzahl der Rammschläge bei konstanter Rammenergie

Die Gesamtenergie wurde aus der Summe aus Nachpreß-Energie und der jeweiligen Gesamt-Rüttelenergie gebildet. Man sollte meinen, daß der geringe Anteil der Rüttelenergie keinen nennenswerten Einfluß auf die Betriebskennwerte ausüben könnte. Jedoch zeigen die Werte der Betriebsproben erhebliche Unterschiede. Der Einfluß des Rüttelns wird also bei dieser Verfahrenstechnik auch nicht herausgestellt. Der Fehler aber liegt eben in der Tatsache, daß das Pressen *nicht* durch Rammen darzustellen ist. Weder die Normprobe noch eine Probe mit Normabmessung, aber einer Rammenergie, die der Preßenergie entspricht, ergibt die beim Pressen der Form gleicher Höhe sich einstellenden Sandkennwerte. Dabei ist es unbedeutend, ob mit einem Schlag oder mit mehreren Schlägen die Gesamtenergie aufgebracht wurde.

Aus diesen Untersuchungen in Verbindung mit den Literaturstudien kann also geschlossen werden, daß für die Beurteilung des Form-Verdichtens durch Pressen aus den Sandkennwerten der "klassischen Formsandprüfung" keine Folgerungen zu ziehen sind.

3. Zur Härtemessung an Formen

3.1 Die Kugeldruck-Härtemessung

Schon V. FREY trifft für die Formhärtemessung die wohl auch heute noch gültige Feststellung, daß die Methode von BERGHAUS zu umständlich, die von RODEHÜSER aber sehr genau ist und sichere Werte liefert. Zudem ist der Zusammenhang aller Sandwerte gegeben. RODEHÜSER benutzte dazu nur Proben, die er aus Formen ausstach. Selbst dabei kam er zu der in Abbildung 3 dargestellten Sandcharakteristik. Sie müßte somit auch den Weg weisen, die "klassische Sandprüfung" mit den betrieblichen Sandkennwerten in Zusammenhang zu bringen. Das Gerät von FREY - seine Arbeit setzt folgerichtig die von RODEHÜSER fort - ist schon wesentlich handlicher. Der Berichter aber möchte glauben, daß die kleinen Geräte gemäß Abbildung 9 noch einfacher zu handhaben sind, sofern die damit verbundenen Ungenauigkeiten mit in Kauf genommen werden.

Mit dem Einfluß ungeschickter Handhabung und anderer Einflußgrößen befaßt sich PIWOWARSKI und PATTERSON [18], so daß hierauf nicht einzugehen ist. Jedoch glaubt der Berichter, daß für die reine betriebliche Überwachung mit diesem Handgerät ohne Zusatzgewichte auszukommen ist. Hinzu kommt, daß beim Einsatz verschiedener Kugeldruckgeräte des gleichen Herstellers einerseits und bei Anwendung scheinbar gleichwertiger Geräte von zwei auf dem deutschen Markt vertretener Hersteller keine Übereinstimmung der Aussage an der gleichen Form und an der gleichen Stelle zu erzielen war.

Es lag also sehr nahe, die Verbindung zwischen der Kugeldruckmethode
und den Erkenntnissen von RODEHÜSER/FREY zu suchen. Die Güte der Form
vom Formtechnischen her - so möchte der Berichter glauben - ist kaum
anders als über das Treibmaß von RODEHÜSER zu bestimmen. Daher muß die
Aufgabe gelöst werden, ein Betriebsgerät für die Formhärtemessung zu
schaffen, das so handlich wie möglich ist, bei ausreichender Genauigkeit der Aussage. War bisher der Meßbereich zwischen 40 bis 80 Skalenteilen auf dem gebräuchlichen Gerät erforderlich, so verschiebt er
sich immer mehr in den Ast, der asymptotisch an eine Parallele zur
Achse verläuft. Somit ist die Aussagefähigkeit im Gebrauchsbereich nicht
mehr ausreichend gegeben. Die Geräte müssen auf andere Meßbereiche einstellbar sein. Der Meßwert sollte sinnvoll durch eine vom Gerät unabhängige Meßzahl angegeben werden. Falls dies nicht erreichbar ist, so
sind verschiedene, genormte Bereiche zu schaffen, um die Vielzahl der
Kennwerte einzuengen.

Parallel zu diesen Überlegungen stellte auch W. RUFF [27] Versuche über
die Meßmethodik an. RUFF forderte praktisch, daß die verwendeten Härtemesser den Methoden der Brinell-Prüfung angepaßt werden, das heißt, daß
der Prüfkopf aus einer Halbkugel besteht, die in Nullstellung bis zum
größten Kugelkreis aus dem Schaft ragt. Zur korrekten Vergleichsmessung wünscht er dann weiter, daß die Meßergebnisse nicht in Skalenteilen, sondern in p/mm^2 angegeben werden, unter Zugrundelegung der Umrechnungsformel nach Brinell

$$HB = \frac{2 \cdot P}{\pi \cdot D^2 - D \cdot \sqrt{D^2 - d^2}} \; [kp/mm^2]$$

Auf dieses Meßergebnis läßt sich die Skala der bekannten Geräte eichen,
ohne daß dadurch wesentliche Änderungen erforderlich sind. Der Berichter würde jedoch vorschlagen, beide Skalen bestehen zu lassen, die
Einteilung in 1/100 der Eindringtiefe des Bolzen und die Brinell-Skala.

W. RUFF schlägt weiter vor, daß der Übergang auf einen anderen Meßbereich durch Auswechseln der Geräte-Feder erfolgen sollte. Dabei führt
er aus, daß die Reibung des Anzeigesystems die theoretisch errechnete
Federkraft erheblich beeinflußt, und bestätigt damit, daß die gleiche
Anzeige verschiedener Geräte, selbst bei gleichem Hersteller, unter
den heutigen Verhältnissen nicht dieselbe Aussage ergeben.

Die Ausführungen von W. RUFF werden von F. HOFMANN [28] bestätigt und
ergänzt. Doch sollte nicht soviel Wert darauf gelegt werden, die Form-

härte an Normprüfkörpern zu diskutieren. Die Aufgabe der Härtemessung liegt beim Messen an den Formen selbst. Dabei aber muß nochmals betont werden, daß durch die Entwicklung der Formtechnik die Formhärte zunehmend über den heutigen Bereich von 80 Skalenteilen hinaus geht, so daß also die Erweiterung des Meßbereichs auf jeden Fall erforderlich wird.

Wegen der Bedeutung, die der Berichter der Formhärtemessung beimißt, würde er es begrüßen, wenn die Ausbildung des Bolzenkopfes als Halbkugel an allen Geräten sich durchsetzen und die Eichung nach Brinell Eingang finden würde, bei ausreichender Genauigkeit aller Geräte.

3.2 Eichung eines Kugeldruck-Härteprüfers auf das Treibmaß von RODEHÜSER

Zum Versuch wurde ein bentonitgebundener Sand (H 32) mit 5 % Bentonit, 4 % Kohlenstaub und 3 % Feuchtigkeit verwendet. Mit diesem Sand wurden Formen von 400 · 300 · 100 mm^3 durch Rütteln und Nachpressen verdichtet, so daß sich weitgehend die gleiche Formhärte des jeweils erstellten Formteils ergab.

Als Meßgerät wurde ein Original-Prüfgerät von RODEHÜSER benutzt, das freundlicherweise aus dem Archiv der Badischen Maschinenfabrik Karlsruhe-Durlach zur Verfügung gestellt wurde. Als Vergleichsgerät diente ein Kugeldruckhärte-Prüfer Fabrikat "GF Nr. 280".

Es wurden bei jedem geformten Teil unterschiedlicher Verdichtung 10 Messungen der Eindringtiefe und je 10 Härtemessungen durchgeführt. Die Mittelwerte der Messungen sind in der nachfolgenden Tabelle 10 zusammengestellt. Daraus läßt sich für den untersuchten Bereich der Zusammenhang zwischen der Skaleneinheit des verwendeten Härtemessers und dem Verdichtungswiderstand finden. Der Zusammenhang ist in Abbildung 63 wiedergegeben. Überträgt man nun die gefundenen Werte in ein Diagramm nach RODEHÜSER Abbildung 3, so läßt sich somit das erforderliche Treibmaß bestimmen, das der gemessenen Härte an der vorliegenden Form entspricht.

Zur vollen Bestimmung aller zusammengehörigen Werte wurden die entsprechenden Untersuchungen durchgeführt. So zeigt Abbildung 64 drei aufgenommene Geraden w = konstant für den benutzten synthetischen Sand. Die auf den Abszissen ablesbaren Schnittpunkte sind drei Punkte der Hyperbel der Fallhöhe h = o, also die Eindringtiefe t_o (bei ruhender Belastung). Sie wurden in Diagramm Abbildung 65 übertragen und decken sich recht gut mit den von RODEHÜSER angeführten Werten. In dieses Diagramm ist als zweite Achse die Eichung des Kugeldruckhärtemessers mit übernommen. Abbildung 63 kann nun als Betriebsdiagramm zur Festlegung der Härte bei gewünschtem Treibmaß benützt werden. Vielleicht sollte nochmals betont werden, daß dieses Diagramm nur für den untersuchten Sand und für das verwendete Härtemeßgerät gilt. Ob eine allgemein gültige Anwendung möglich ist, sofern die Härtemeßgeräte gleichartige Aussagen ergeben, bleibt zu klären. RODEHÜSER gibt nur eine Abhängigkeit des Treibmaßes vom Feuchtigkeitsgehalt an. Jedoch geht aus seinen Ausführungen nicht hervor, ob er seine Überlegungen durch das Abgießen von Werkstücken unterbaut hat. Sollte das nicht der Fall sein, so wäre dies als erster zukünftiger Schritt nachzuholen, da sonst die ganze Theorie als unbegründet angesehen werden muß. Jedoch mußte der Berichter die vorhandene Literatur unangezweifelt als Tatsache werten.

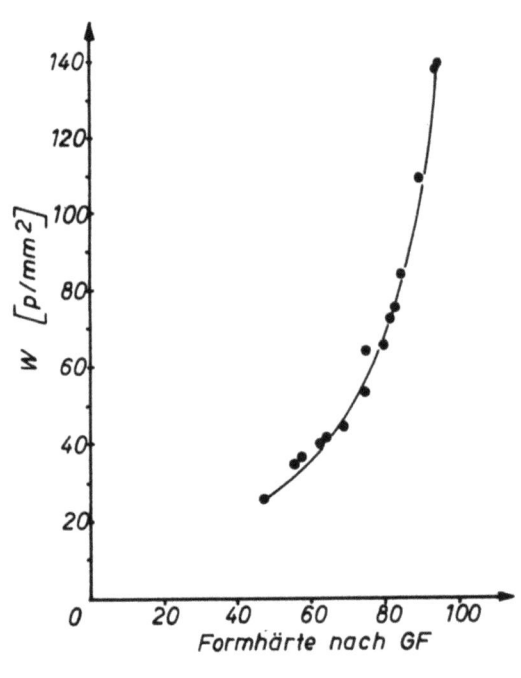

A b b i l d u n g 63

Verdichtungswiderstand und Kugel-Druckhärte

Beispiel der Anwendung der Diagramme:

Betrachteter Punkt des Gußstückes   h = 300 mm unter Trichterspiegel

Zulässiges einseitiges Treiben der Wand t_{op} = 1,5 mm

Spez. Gewicht des flüssigen Eisens   0,007 kp/mm^3

Ferrostatischer Druck $p = h \cdot \gamma = 0{,}007 \cdot 300$
                                   $= 2{,}1$ kp/mm^2

Eindringtiefe bei 1 p/mm² Belastung $\quad t_o = \dfrac{t_{op}}{p} = \dfrac{1,5}{2,1} = 0,72$ mm

Erforderlicher Verdichtungswiderstand aus Diagramm Abbildung 65 $\quad w_o = 65$ p/mm²

Erforderliche Härte aus Diagramm Abbildung 63 $\quad H_{GF} = 78$ Skalenteile

T a b e l l e 10

Versuch	e_m [mm]	W [g/mm²]	H_{GFm}
1	6,66	75	83
2	6,97	71,7	81,5
3	14,5	34,5	56
4	7,9	63,4	74,9
5	9,54	52,4	75
6	11,4	43,8	69
7	4,6	108,6	90
9	3,63	137,8	94,5
8	3,6	139,0	95
10	7,7	65	79,5
11	6,0	83,4	85
12	12,2	41	64

3.3 Meßgenauigkeit der Kugeldruck-Härtemesser

Schon im praktischen Betrieb hatte sich ergeben, wie die Untersuchungen von W. RUFF zeigen, daß die Genauigkeit der heute benutzten Härtemeßgeräte zu Schwierigkeiten führen. Daraus wuchs die Notwendigkeit, die bekannten Geräte dieser Art, soweit sie in Deutschland benutzt werden, auf die Gleichartigkeit ihrer Aussage hin zu untersuchen.

Der Vergleich des äußeren Aufbaues zeigt schon, daß keine Übereinstimmung vorhanden ist. Beide Gerätegruppen werden mit einer maximalen Eindringtiefe von 3 mm geliefert, wobei der Gesamtweg in 100 Skalenteile unterteilt ist. Die Anzeige ist dem Eindringweg proportional. Jedoch ist die eine Halbkugel mit 3 mm Radius, die andere nur mit 2,5 mm ausgeführt. Aus diesem Grunde schon kann die Anzeige nicht gleichartig sein, da die jeweils als Eindruck sich ergebenden Flächen bei gleicher

Eindringtiefe verschieden groß sein müssen. Diese Tatsache allein kann schon als Beweis dafür gelten, daß zweckmäßig die Angabe der gemessenen Härte in neutralen Größen, also nach dem Brinell-Verfahren erfolgen sollte.

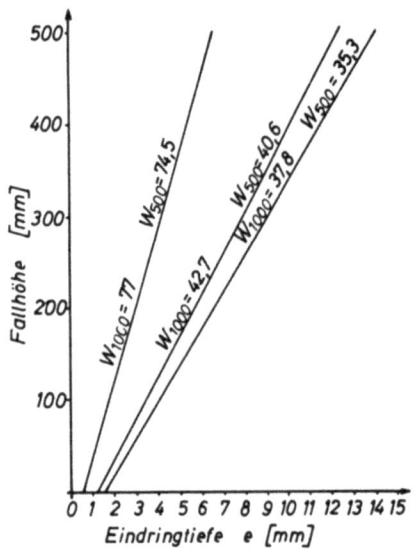

Abbildung 64

Eindringtiefe und Fallhöhe bei verschiedenem Verdichtungswiderstand

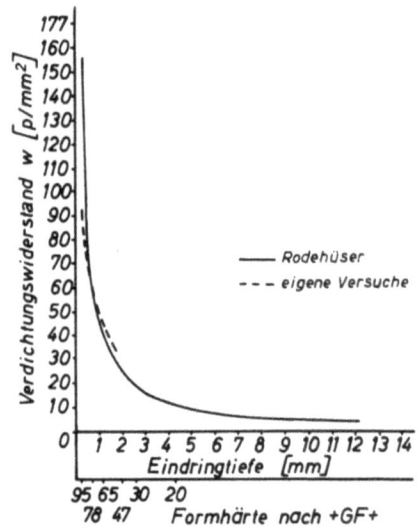

Abbildung 65

Abhängigkeit des Verdichtungswiderstandes von der Eindringtiefe

Da aber die Eindringtiefe von der jeweils wirkenden Kraft abhängt, werden sich beide Geräte noch stärker unterscheiden, wenn die verwendeten Federn nicht gleich sind in bezug auf Vorspannung und Federcharakteristik. Zum Beweis sind die Charakteristiken zweier Geräte verschiedener Ausführung gegenübergestellt, wie es Abbildung 66 veranschaulicht. In beiden Fällen wurde die Umrechnung auf die Belastung $[kp/cm^2]$ vorgenommen, unter Auswertung der Eindringtiefe, der sich daraus ergebenden Belastungsfläche, die gerätebedingt ist, und der Steigerung der Wirkkraft durch das Zusammendrücken der Feder.

Aus der Reihe der dann weiter angestellten Versuche sei nur gezeigt, in welchem Bereich bereits Geräte der gleichen Bauweise von einander abweichen. Das Ergebnis gibt Abbildung 67 wieder.

Als Folgerung ergibt sich der bereits angeführte Wunsch, daß es für die Entwicklung der Formtechnik von wesentlicher Bedeutung ist, wenn diese vorzüglich handlichen Geräte auch eine ausreichende Genauigkeit erhalten würden, bei Angabe der Meßergebnisse nach Brinell. Die Darstellung der Charakteristiken in den Abbildungen 66/67 zeigen deutlich, daß im

Bereich oberhalb von 70 bis 75 Skalenteile die Aussagefähigkeit nachläßt. Dieser Bereich aber wird heute benötigt, daher müssen die Geräte auf diesen Bereich umstellbar sein. W. RUFF setzte hierfür andere Federn ein. Die Untersuchungen hierfür zeigten aber, daß selbst bei gleicher Feder Unterschiede z.B. durch die Reibung im System wesentliche Abweichungen des Meßwertes ergeben. Zu diesem Zweck wurden die Federn der drei untersuchten Härtemesser gegeneinander ausgetauscht. Daraus ist zu folgern, daß es möglich werden muß, den gleichen Meßwert durch Nachstell-Einrichtungen zu erhalten.

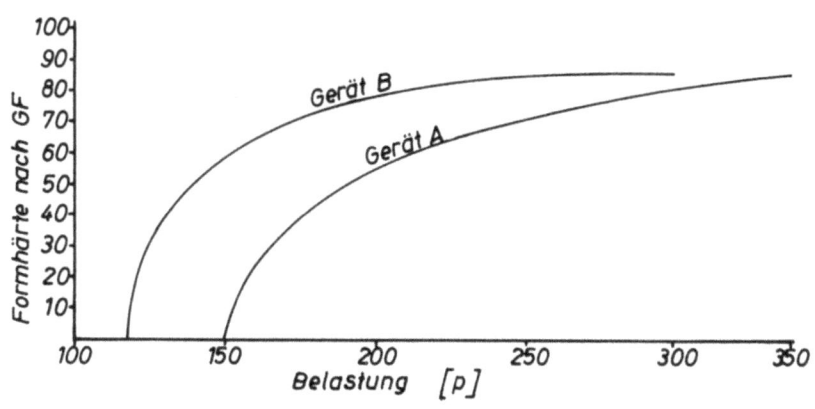

A b b i l d u n g 66

Charakteristik zweier Formhärtemesser verschiedener Bauweise

In Verbindung mit der Erweiterung des Meßbereiches wird dann nachfolgend ein Vorschlag gemacht, diese Frage durch Änderung des konstruktiven Aufbaus zu beheben.

Die Verschiebung des Anzeigenbereiches durch Einsetzen einer neuen Feder ist stets dann auszuführen, wenn größere Meßbereichsänderungen vorgenommen werden, und in diesem Bereich dann praktisch nur gemessen werden soll.

Ein weiterer Weg ist dadurch möglich, daß die Vorspannung der Feder geändert wird, so daß gleichfalls eine Steigerung der Anpreßkraft erfolgt. Die Grenze des "Umstellens des Meßbereiches" ist theoretisch gegeben, wenn beim maximalen Eindringweg die Federwindungen aufeinander liegen. Dabei darf die Elastizitätsgrenze des Federwerkstoffes nicht überschritten sein. In diesem Bereich bleibt auch die Federkonstante etwa gleich. Aus Sicherheitsgründen sollte zweckmäßigerweise nicht bis zum Aufliegen gegangen werden.

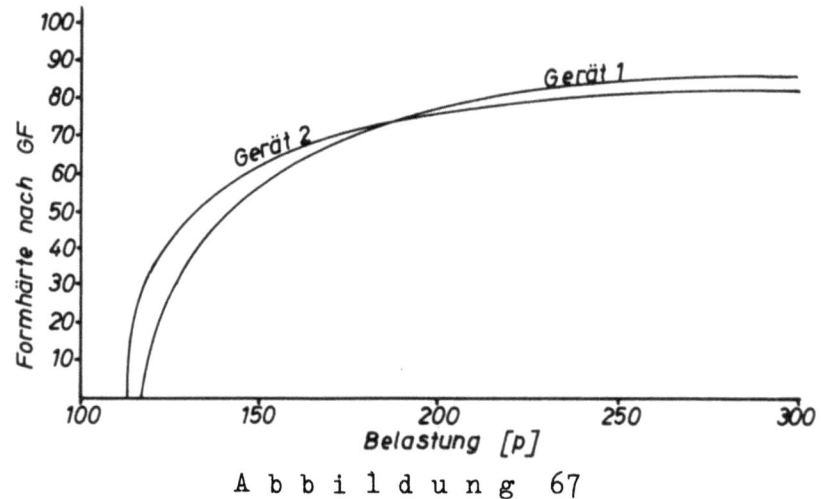

Abbildung 67

Charakteristik zweier Formhärtemesser gleicher Bauweise

Wird die Vorspannung dadurch erhöht, daß die gespannte Länge der Feder in Nullstellung um die Eindringtiefe - hier 3 mm - verkürzt wird, so schließt der neue Meßbereich an den alten ohne Überschneidung oder Lücke an. In der Praxis ist das Anschließen nicht zu erreichen, da am Ende des Meßbereichs größere Reibkräfte im Meßsystem vorhanden sind. Somit ist ein kleiner Bereich der Überschneidung vorhanden. Die Änderung der gespannten Länge kann z.B. durch Beilegen von Unterlegscheiben von je 3 mm erfolgen. Durch erneute Beilage wird dann ein dritter Abschnitt angefügt. Jedoch ist diese Lösung nicht zweckmäßig genug, da sie die Fehler des Ausgangsgerätes mit in die erweiterten Meßbereiche übernimmt.

Eine konstruktive Lösung, den Meßbereich durch Änderung der gespannten Länge der gleichen Feder zu erreichen, ist in Abbildung 68 schematisch dargestellt. Dabei ist bereits vorausgesetzt, daß nur mit Halbkugeln als Bolzen-Ende gearbeitet wird, und daß die Eindringtiefe dem Kugelradius entspricht. Das Widerlager W der Feder wird dabei z.B. durch eine Rändelmutter M beweglich angeordnet. Dadurch kann zuerst der Ausgleich der unterschiedlichen Reibung vorgenommen werden, um dann als zweite Aufgabe die Änderung des Meßbereichs zu ermöglichen.

Durch Anbringen eines "Fensters" im Mantel des Gerätes kann der untere Rand des Widerlagers zur Kennzeichnung des Meßbereiches verwendet werden. Um allgemeine Vorschläge zu machen, die bei Durchführung jedoch vereinfacht werden könnten, sollte die linke Skala z.B. dazu dienen, die Belastung in Ruhe, also bei Skalenstellung "0" die rechte, die Belastung bei Skalenstellung "100" angeben. Durch Normung der Bereiche und der Federn kann die Skalenbeschriftung sicher vereinfacht werden. In der dargestellten Form wäre die allgemein gültige Ausführung aufgezeigt.

Bei Einführung genormter Meßbereiche würde dann der Eichung der Meß-Skala nach Brinell nichts im Wege stehen. Die Eichung nach Brinell ist aber auch unabhängig von einer solchen einheitlichen Festsetzung der Meßbereiche möglich, nur wäre dann die Skala dem jeweiligen Gerät speziell anzupassen.

Eine Änderung des Meßbereichs für ein untersuchtes Gerät erfolgte dadurch, daß jeweils eine Minderung von 4 mm der gespannten Länge der Feder vorgenommen wurden. Das Ergebnis zeigt Abbildung 69. Die heute üblichen Verdichtungen bis zu 7 kp/cm^2 spezifischen Preßdrucks sind damit gut zu beherrschen.

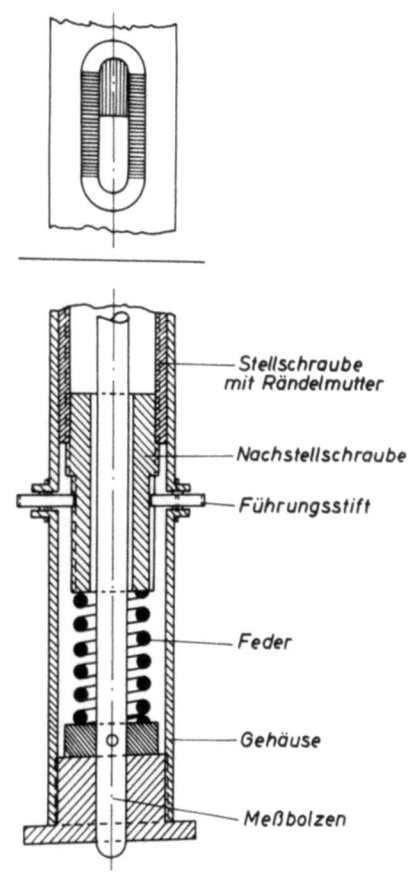

A b b i l d u n g   68
Schema eines Formhärtemessers mit verstellbarem Meßbereich

3.4 Statische "Härtemessung" der Formoberfläche

Bei allen Erörterungen über die Härtemessung der Formoberfläche klingt stets an, daß es zweckmäßig wäre, die Härte tatsächlich statisch zu bestimmen und nicht durch Rückschluß auf sie zu kommen. Die statische Festigkeit ist der Widerstand der Form gegen Ausweichen, wenn die Form durch den Druck des flüssigen Metalls belastet wird.

Sollte die Untersuchungsmethode vielleicht auch nicht für den praktischen Betrieb zweckmäßig sein, so wäre jedoch zur Kontrolle der durch dynamische Messungen erarbeiteten Werte die tatsächliche statische Feststellung wichtig.

Die Meßmethode von BERGHAUS [12], der einen Belastungstisch mit drei Beinen benutzte, ist nach allgemeiner Ansicht zu unhandlich. Es ist aber leider auch keine Gegenüberstellung zu finden, ob die von A. RODE-HÜSER oder von V. FREY durch Extrapolieren gefundenen Werte auch nur annähernd mit den Meßergebnissen von BERGHAUS übereinstimmen. Andererseits aber wird eine solche direkte Messung der statischen "Härte" den Beweis liefern, ob die Messung mit Recht dazu dienen kann, um die gewünschte Genauigkeit eines Gußstückes zu garantieren.

Aus den angeführten Gründen lag die Überlegung nahe, sich um den Bau eines Gerätes zu bemühen, das nur für die labormäßige Vergleichsmessung eingesetzt werden soll. Im Laborversuch ist es möglich, eine Haltevorrichtung zu benutzen, die die Lage des Geräts auf der Oberfläche der Form gewährleistet, ohne daß Belastungsgewichte u.ä. erforderlich sind. Auch kann das Gerät genau senkrecht zum untersuchten Oberflächenstück der Form eingerichtet werden.

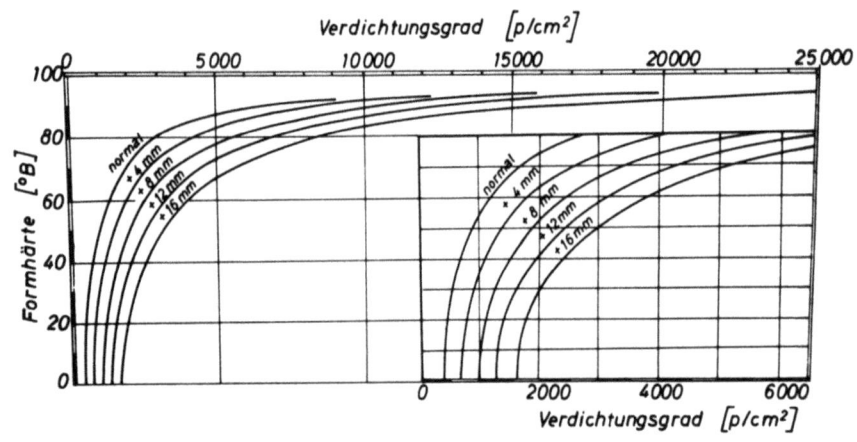

A b b i l d u n g 69

Formhärte und spezifische Pressung bei erweitertem Meßbereich

Als Grundlage der Messung soll dabei das von BERGHAUS benutzte Verfahren dienen. Es soll der Druck gemessen werden, der erforderlich ist, damit das Ausweichen der Oberfläche beginnt. In Fortsetzung dieser Überlegungen ist dann weiter zu prüfen, welcher Druck aufzubringen ist, bis eine gewünschte Eindringtiefe - also ein zulässiges Verdrängen der Wand - erzielt wird.

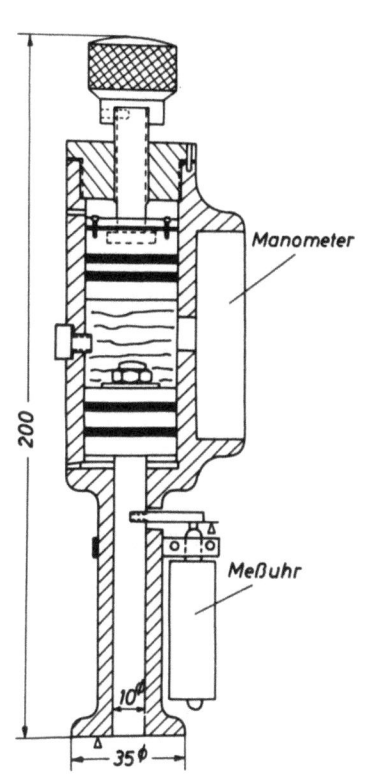
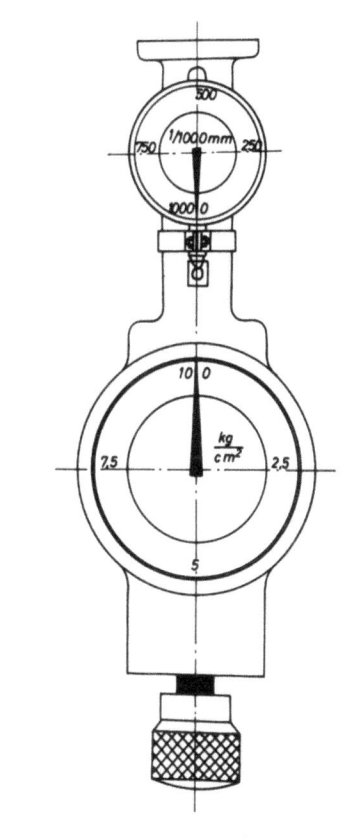

Abbildung 70
Statischer Formhärtemesser
(Schnitt)

Abbildung 71
Statischer Formhärtemesser
(Seitenansicht)

Der Berichter schlägt zu diesem Zweck das nachstehend beschriebene Gerät vor:

In Abbildung 70 und 71 sind der Schnitt und die Seitenansicht des Gerätes gezeigt.

Das Gerät besteht aus dem Gehäuse mit Deckel, der Feinmeßuhr, dem Präzisions-Manometer, einer mit Feingewinde versehenen Druckspindel mit Rändelmutter, den zwei Kolben und dem Prüfbolzen. Der Meßbereich des Manometers ist auf die auftretenden Drücke abzustimmen und durch Vorversuch zu ermitteln, damit die Anzeige möglichst genau wird.

Als Tiefenlehre wird eine Mikro-Meßuhr verwendet, wie sie allgemein bekannt ist. Damit sollen 1/1000 mm gemessen werden können. Durch Drehen der Skala kann die Skala des Gerätes eingestellt werden. Der Prüfstempel muß dabei auf der Fußfläche aufsitzen. Der Übertragungsstift der Meßuhr liegt dabei auf dem Kontaktstift der Meßuhr auf.

Der Prüfstempel hat nach Vorschlag eine Fläche von $78,5 \text{ mm}^2$, sie sollte groß genug sein, um Fehler auszuschalten, die durch Inhomogenität des Formstoffes entstehen könnten. Schon aus der Größe der Meßfläche ergibt sich, daß das Gerät kaum für reine Betriebsmessungen eingesetzt werden kann und soll.

Die Messung läuft wie folgt ab:
Das Gerät wird auf die zu prüfende Formfläche gesetzt. Um Fehlmessungen zu vermeiden, darf keine Belastung auf die Oberfläche ausgeübt werden. Daher ist das Gerät in eine Halterung (Stativ) einzuspannen. Nun wird die Rändelmutter gedreht. Dabei möchte sich der obere Kolben langsam nach unten bewegen. Bei Inkompressibilität des Öls wird folglich eine Drucksteigerung so lange eintreten, bis der untere Bolzen sich in die Formwand eindrückt. Der beim Beginn der Bewegung vorhandene Druck ist festzustellen. Zweckmäßig ist dazu das Gerät mit Schleppzeiger auszurüsten.

Will man den erforderlichen statischen Druck bestimmen, der für ein bestimmtes Ausweichen der Formwand nötig ist, so ist der Druck zu bestimmen, bei dem das gewünschte Ausweichen der Wand erreicht ist.

Der Berichter glaubt, daß ein Gerät oder ein Verfahren nach Vorschlag erforderlich ist. Die Ansicht, daß aus der gemessenen Härte ein Richtmaß für den Widerstand gegen das Treiben zu erhalten ist, muß durch Versuche bestätigt werden. Labormäßig, ohne einen Abguß vornehmen zu müssen, wäre die vorgeschlagene Methode oder ihre Abwandlung ein Weg hierfür.

Über die Ergebnisse der hierfür anzustellenden Versuche soll zu einem späteren Zeitpunkt berichtet werden.

4. Das Pressen mit höheren spezifischen Preßdrücken

4.1 Die geschichtliche Entwicklung des Hochdruck-Pressens

Die steigenden Anforderungen der gußverarbeitenden Industrie an die Maßhaltigkeit der Gußstücke hat in den letzten 40 Jahren die Gießerei-Industrie gezwungen, Mittel und Wege zu finden, um laufend den wachsenden Anforderungen gerecht zu werden.

Aus diesem Bestreben heraus entstanden spezielle Genauguß-Verfahren wie das Wachsausschmelz-, das Croning-, das CO_2-Verfahren u.a., die heute mit vollem Erfolg angewendet werden. Jedoch war es nötig, auch die übliche Arbeitstechnik mit herkömmlichen Formmaschinen zu verfeinern. Daraus erklärt sich, daß der spez. Preßdruck langsam und stetig gesteigert wurde. In der Regel wurde dies in Betrieben durchgeführt, die ihren Guß im Stückpreis - nicht nach Gewicht - und in Eigenvertrieb als Fertigungserzeugnisse absetzten. Als Beispiele seien hier Ofenguß und Radiatoren genannt.

Diese Entwicklung fand statt, praktisch ohne daß es die übliche Gießerei-Fertigung, die Kundengießereien, bewußt zur Kenntnis nahmen. Bei dem Verkauf nach Stück kommt es darauf an, den Gestehungspreis als Gesamtes niedrig zu halten, wohingegen bei Gewichtsabrechnung die relativen Kosten, also die Kosten je kg Guß zu senken sind. Die Tatsache ergibt vielfach unterschiedliche Entwicklungstendenzen. Daraus erklärt sich auch, daß die Kundengießereien diese Entwicklung zum Hochdruckpressen nicht in ausreichendem Maß beachteten, obwohl sie für die Hausgießereien mit wesentlichem Erfolg verbunden war.

Stärkere Beachtung erlangte das Hochdruckpressen, als um 1955 vornehmlich T.E. BARLOW in den USA über das Membran-Formverfahren berichtete. Fast alle bekannten Fachzeitschriften veröffentlichten um diese Zeit Abhandlungen über dieses Thema, wobei es sich meist dann nur um Besprechungen der Original-Aufsätze handelte.

Dabei behandelt BARLOW fast ausschließlich das Membran-Verfahren, wobei er sich vornehmlich auf Sandfragen konzentriert. Dies ist dadurch verständlich, daß er selbst als "Sales-Manager" eines Formsand-Binder herstellenden Werkes an den Bindern interessiert ist. Für den Leser entstand daraus der Eindruck, daß das Hochdruckpressen ohne Spezialbinder nicht realisierbar sei. Binder dieser Typen in Deutschland um die Zeit aufzutreiben, war unmöglich. Dadurch verzögerte sich die hier beschriebenen Versuche wesentlich.

Jedoch stand der Berichter auf dem Standpunkt, daß auch übliche Maschinen-Ausführungen, falls nötig, wesentlich höhere Preßdrücke erzeugen könnten, als es mit dem Membranverfahren möglich sei. Hiermit sind maximal 7 kp/cm^2 zu erwarten. Um 1955 waren jedoch bereits Maschinen bekannt, die mit 10 kp/cm^2 und ohne Spezialbinder für den verwendeten Formsand arbeiteten.

4.2 Ergebnisse der amerikanischen Untersuchungen

Nach den bekannt gewordenen Berichten [6], [7] untersuchten T.E. BARLOW und R.W. HEINE vornehmlich Formsande im Labor, ohne daraus betrieblich Formen zu erstellen. Sie kamen dabei bis auf Preßdrücke von etwa 42 kp/cm^2. Die Versuche ergaben die Erkenntnis, daß bei den üblich verwendeten Formsanden mit Wasseraustritt an der Oberfläche zu rechnen ist. Daraus wird gefolgert, daß Binder verwendet werden müßten, die dem Quarzsand ohne Wasserzugabe beizumischen sind.

Weiter stellten sie fest, daß bis etwa 7 kp/cm^2 ein Verdichten der Körper durch Erzielen einer geringeren Packungsdichte erreicht wird. Diesen Vorgang nannten sie Primär-Fließen. Darüber hinaus stellte sich dennoch eine größere Verdichtung ein. Hierfür konnten sie nachweisen, daß diese erneute Verdichtung durch Änderung der Korngröße sich ergibt. Sie nannten den Vorgang Sekundär-Fließen und verstehen darunter, daß durch den hohen Preßdruck Kornecken abgebrochen werden, so daß bei nun neuer Kornform ein günstigeres Einordnen möglich ist. Sie schlossen weiter daraus, daß es nicht zweckmäßig sei, über 7 bis 10 kp/cm^2 spezifischen Preßdrucks hinaus zu gehen.

Ob die Untersuchungen nur in Verbindung mit dem Membran-Formverfahren durchgeführt wurden, ist aus der Literatur nicht zu erkennen. In Anlehnung an diese Untersuchungen wurden dann nämlich nur Versuche mit Membran-Maschinen durchgeführt (Taccone-Verfahren).

Beim Membran-Formverfahren wird auf jede Sandsäule über dem Modell der gleiche spezifische Preßdruck ausgeübt. Jede Säule kann sich jeweils etwa in ihrem Volumen so verdichten, wie es dem spezifischen Preßdruck und der Ausgangshöhe dieser Säule entspricht. Eine Grenze der unabhängigen Verdichtung jeder Säule ergibt sich daraus, in welchem Umfange die Membran der Höhenminderung sehr unterschiedlicher benachbarter Sandsäulen folgen kann. Eine weitere Einschränkung ergibt sich daraus, ob andererseits der Sand fließfähig genug ist, um an den Grenzflächen der verschiedenen Sandsäulen den Übergang unterschiedlicher Verdichtungen zu ermöglichen. In erster Annäherung entsteht meist eine Form gleicher Schalendicke, die der Modellkontur folgt. Die Härte ist praktisch über die gesamte Schalenstärke gleich, da bei den ausgeübten höheren Drücken eine recht gleichmäßige Härteverteilung erzielt wird. Außerdem läßt sich der Unterschied mit den üblich verwendeten Härtemessern nicht mehr ausreichend genug feststellen, da Meßwerte über 90 Skalenteile in der Regel erreicht werden.

Über das Membranverfahren änderten sich die Ansichten im Laufe der Veröffentlichungen. Anfangs wurde herausgestellt, daß wesentlich genauere Abgüsse zu erzielen seien, wobei jede Modellgestalt als möglich angeführt wurde. Die zeitlich jüngsten Veröffentlichungen betonen dagegen, daß das Verfahren ein schnelles Arbeiten bei unkomplizierten Modellen erlaube. Die Sandfrage wurde in den letzten Veröffentlichungen dahin geklärt, daß auch übliche synthetische Sande mit formgerechter Feuchtigkeit günstig zu verwenden seien.

Die Anforderungen an Formkästen und Modelle wurden eingehend behandelt. Für die Modelle wurde festgestellt, daß ein sehr genaues Einhalten der Maße und eine besonders glatte Oberfläche erforderlich seien. Jede Ungenauigkeit würde sich besonders stark bemerkbar machen. Diese Tatsachen erscheinen selbstverständlich, denn die Werkzeuggenauigkeit muß stets größer sein als die gewünschte Genauigkeit des Erzeugnisses. Die Konizität der Modelle ist zu vergrößern. Gips und Holz konnten als Modellwerkstoff nicht verwendet werden.

Durch die Untersuchungen an Membranformmaschinen wurde das Augenmerk besonders auf die Stabilität der Formkästen gelenkt. Wird so gepreßt, daß die Membran zu einem Teil in den eigentlichen Formkasten mit hineinragt, so wirkt sich ihr gesamter Druck von meist 6 bis 7 kp/cm^2 in voller Höhe auf die Seitenwände aus, wie es in Schema Abbildung 72 zu sehen ist. Der Druck der Membran wirkt allseitig, und nicht wie beim Preßstempel nur senkrecht nach unten. Somit wird beim Pressen mit einem Stempel nur ein Teilbetrag des Preßdrucks auf die Seitenwand wirken. Dieser wurde in den angedeuteten Messungen an Formkästen zwischen 0,15 bis 0,35 des senkrechten Druckes festgestellt. Die Membran aber wirkt auch seitlich und somit in voller Höhe auf die Kastenwände ein. Die daraus sich ergebenden Schwierigkeiten für die erstellte Form durch Atmen der Kästen braucht nicht näher ausgeführt zu werden. Als Abhilfe wurde vorgeschlagen, auf das Formteil einen starken Rahmen (Preßrahmen) gemäß Skizze Abbildung 73 zu legen, so daß die Volumenminderung sich nur in diesem Zusatzkastenteil mit größerer Festigkeit auswirken kann.

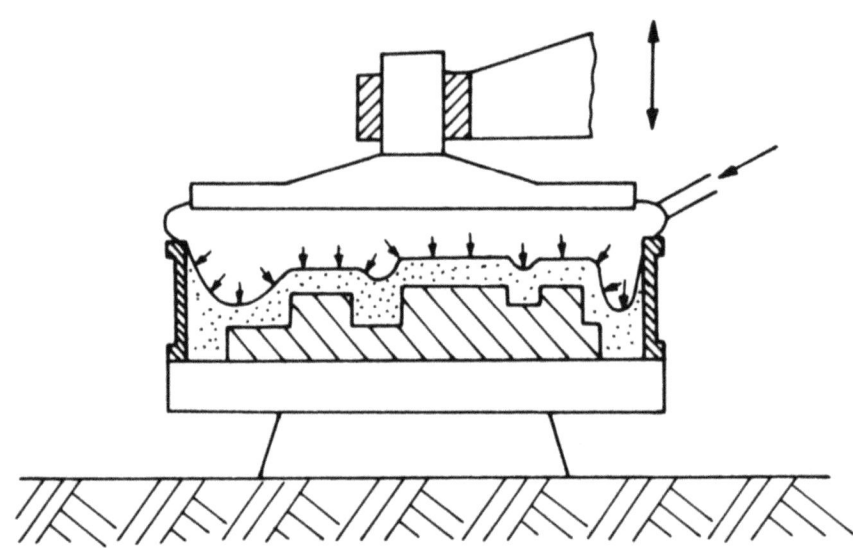

Abbildung 72
Membran-Preßverfahren (Schema

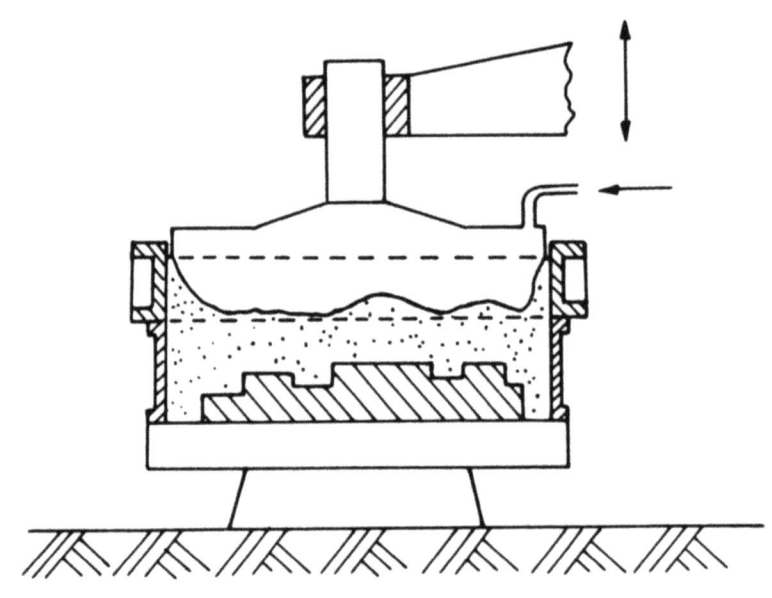

Abbildung 73
Membran-Verfahren mit Aufsatzrahmen

Das Membranpreßverfahren wurde dann 1956 auf der "Gifa" (Gießerei-Fachausstellung, Düsseldorf) durch eine Maschine auch in Deutschland der Allgemeinheit vorgestellt. Trotzdem hat sich diese Maschinenart bisher noch keinen größeren Platz erworben. Es ist bekannt, daß einige wenige Maschinen als USA-Bauweise oder als USA-Lizenz auf dem Kontinent

(Frankreich, Belgien, England) eingesetzt werden. In Deutschland haben
fast alle namhaften Maschinenhersteller sich mit der Verfahrenstechnik
befaßt. Jedoch scheint wenig Interesse sichtbar, dieses Verfahren in-
tensiver zum Einsatz zu bringen.

Die Gründe wurden etwa in der Festschrift "50 Jahre VDG" [29] dargelegt.
Schon 1887 wird von der Pneumazic u. Co., Indianapolis, ein Preßhaupt
entwickelt, das aus einer Reihe luftgefüllter Säcke besteht. Um 1890
erscheint ein Haupt, das mit einer Membran ausgestattet ist und gleichmäßig den Sand verdichtet. Dann gerät die Idee in Vergessenheit, um
durch TACCONE in den USA wieder aufgegriffen zu werden. In Deutschland
und dem angrenzenden Raum sind beim Arbeiten mit diesen Maschinen weitgehend Sorgen bekannt geworden. Längere Zeit hindurch ergaben sich
Schwierigkeiten durch geringe Elastizität der Membran. Die größere Sor-
ge aber bereitete die richtige Sandzusammensetzung. Hierbei spielt das
"Fließvermögen" sicher eine entscheidende Rolle. Daher ist es verständlich, daß Oberflächen von gerüttelten Teilen besser ausfallen als solche, deren Formen nur gepreßt werden. Die Arbeitstechnik bei allen
Rüttel-Preßformmaschinen auch mit höchsten Drücken geht daher dahin,
erst kurz vorzurütteln, um eine geeignete Einordnung der Sandkörner am
Modell zu erreichen, um die gewünschte Härte dann durch Pressen zu erzielen. Beim Membranverfahren aber ist bisher eine Kombination Rütteln
und Pressen nicht bekannt.

Das Rütteln hat außerdem den Vorteil, daß ein wesentlicher Teil der Luft
in den Poren herausgetrieben wird. Dadurch tritt die Rückexpansion nicht
in vollem Maße ein. Die Membran schließt die Sandschicht wesentlich
fester als ein Preßklotz ab, so daß hier Störungen eher zu verzeichnen
sind als beim normalen Pressen. Beim Membranverfahren ist also auf die
Luftabfuhr stärker Wert zu legen, ähnlich wie beim Schießen und Blasen.
Die Sandqualität muß wesentlich gleichmäßiger sein, als es beim üblichen Pressen erforderlich ist. Geringe Vorverdichtungen machen sich
bereits stark bemerkbar. Die Sandfeuchtigkeit muß in engeren Grenzen
gehalten werden. Schließlich hat sich gezeigt, daß die Verdichtung dadurch günstig zu beeinflussen ist, daß beim Membranpressen der Preßdruck
schlagartig ausgeübt wird. Diese Tatsache scheint den bisherigen Dar-
legungen zu widersprechen. Es wurde ausgeführt, daß dem Sand Zeit zum
Fließen zu lassen ist, so daß ein langsames Aufbringen der Preßkraft
sinnvoll ist. Auch bei höheren Preßdrücken muß die Einwirkzeit ausreichend lang genug gehalten werden. Durch das schlagartige Beginnen aber

wird die Haftreibung der Teilchen untereinander zu Beginn des Verdichtungsvorganges überwunden, so daß der Sand besser zum Fließen kommt. Auch bei üblichen Maschinen-Ausführungen und höheren spezifischen Drücken hat sich die Verbesserung der Preßwirkung bei schlagartiger Beaufschlagung nachweisen lassen.

4.3 Laboratorium-Versuche mit höheren Preßdrücken

4.31 Herstellen des Versuchssandes und der Probekörper

Aus den Studien der ausländischen Literatur ging hervor, daß es zuerst notwendig sein würde, einen geeigneten Formsand für das Hochdruckpressen zu finden. Es gelang nicht, die anfangs nur genannten wasserlosen Binder zu beschaffen, so daß sich die Arbeiten sehr lange verzögerten. Somit wurde versucht, ob nicht <u>dennoch</u> mit herkömmlichen Bindern auszukommen ist. Als Hinweis diente die betriebliche Kenntnis, daß in einigen Firmen zur damaligen Zeit mit 5 kp/cm^2 und stellenweise sogar bis 10 kp/cm^2 beim Einsatz synthetischer, bentonitgebundener Sande gearbeitet wurde.

Das Beschaffen einer Presse ausreichender Preßkraft schien für Vorversuche zu teuer, so daß dieser Grund Anlaß war, die Versuche mit Probekörpern nach der "klassischen Formsandprüfung" vorzunehmen. Die Ergebnisse würden, wie in Abschnitt 2 dargestellt, sicher von den Verhältnissen in der Form abweichen, jedoch in ihrer Tendenz Rückschlüsse zulassen. Zudem sollte das Verdichten der Probekörper <u>nicht</u> durch Rammen, sondern durch Pressen bei den Drücken erfolgen, die auch bei den jeweils zu erstellenden Formen ausgeübt werden. Die normalen Büchsen von 50 mm ⌀ verursachen jedoch eine erhebliche Wandreibung, die sich bei den Formen nicht so auswirkt, da der Abstand des Sandes von der Wand üblich erheblich größer ist. Aber an engen Modell-Einschnitten, wie Rippen und Taschen, können gleichartige Verhältnisse auftreten, wie es später auch beim Formen mit Modell sich einstellte.

Um die erforderlichen Probekörper erstellen zu können, wurde ein besonderer Preßstempel mit Untersatz und eine Ausstoßplatte angefertigt, wie sie in Abbildung 74 und 75 wiedergegeben sind. Als Presse wurde die vorhandene Formmaschine benutzt, indem der erforderliche Nutzdruck p_n den jeweils gewünschten spezifischen Preßdruck entsprechend eingestellt wurde. Die Probekörper wurden in bekannter Abmessung hergestellt, um so auch die Vergleichsmöglichkeit mit den herkömmlichen Meßergebnissen zu erhalten.

Die amerikanischen Versuche waren anfangs nur mit Kunstharzen gefahren worden. Aus diesem Grunde wurden auch Sandmischungen mit Kunstharz untersucht. Dabei wurden flüssige und pulverige Binder zusammen verwendet. Jedoch war der trockene Binder nicht in der Lage, den flüssigen so abzubinden, daß ein rieselfähiger und formbarer Sand entstand. Um dies zu erreichen, mußte Bentonit zugegeben werden. Neben dem Kunstharz (maximale Anteile: pulverig 3 %, flüssig 1,5 %) waren im Höchstfall dann

A b b i l d u n g 74

Vorrichtung zum Herstellen von Probekörpern auf Formmaschine

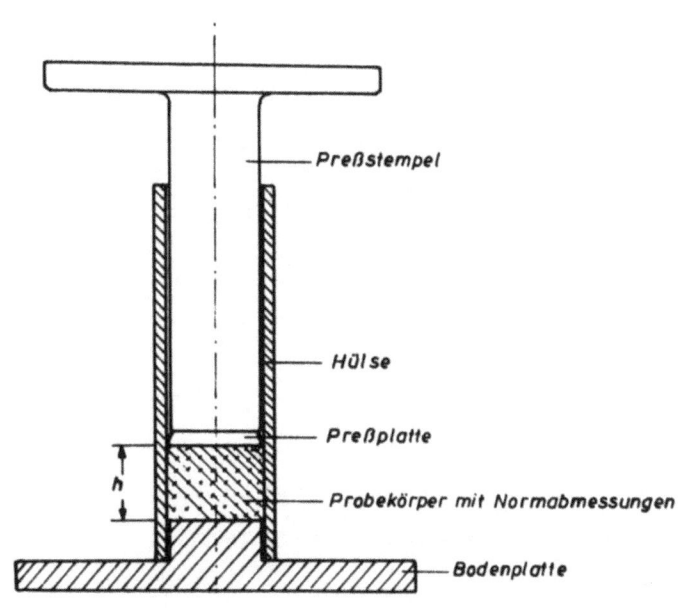

A b b i l d u n g 75

Schema der Vorrichtung von Abbildung 78

5 bis 6 % Bentonit erforderlich. Die Gesamtzugabe überschritt die Grenze der Wirtschaftlichkeit.

Eine Meßreihe, die recht gut die Vorgänge beim Hochdruckpressen veranschaulicht, konnte dann mit einem Sand aus Haltener Quarzsand H 33, 5 % Bentonit und einem geringen Zusatz an Alkylin durchgeführt werden. Die Siebanalyse des Sandes ist in den Abbildungen 76 und 77 wiedergegeben. Die Sandmischung enthielt die Mengen gemäß Tabelle 11.

Tabelle 11

Sandmischung zum Hochdruckpressen

Anteile:
- getrockneter Quarzsand gem. Siebanalyse   100 g
- Bentonit   5 g
- Alkylin-Paste (Wasser : Alkylin = 7:1)   5 g
- Gesamtbinder (Umrechnung)   5,62 g
- Feuchtigkeit   veränderlich

Siebanalyse:

Siebbereich [mm]	Kornanteil [%]
0,6 - 1,0	-
0,4 - 0,6	2
0,3 - 0,4	13
0,2 - 0,3	50
0,15 - 0,2	30
0,1 - 0,15	4
0,075 - 0,1	1
0,075	-

Der Feuchtigkeitsgehalt betrug 4,38 % und war somit zu hoch. Er wurde durch Trocknen auf den gewünschten Wert reduziert. Nach dem Trocknen wurde der Sand von Hand durchgesiebt, da die kleine Versuchsmenge nicht geschleudert werden konnte. Die Sandmischung blieb für alle Versuche konstant, der Wassergehalt wurde geändert.

Alkylin ist ein Cellulose-Derivat und als Trockenprodukt unbegrenzt haltbar. Dieser Binder muß vor seiner Verwendung in Wasser gelöst und

zu einer Paste angerührt werden. Das Lösungsverhältnis Alkylin : Wasser
kann beliebig verändert werden. Es betrug bei diesen Versuchen 1 : 7,
da diese Menge zum Quellen nötig ist. Eine größere Wassermenge hätte
eine zu große Feuchtigkeit des Sandes ergeben. Das Anfertigen der Paste
geschah nach Firmenvorschrift, indem unter ständigem Rühren der Binder
in kaltes Wasser geschüttet wurde. Nach einer Stunde war die Paste gebrauchsfertig und konnte dem Sand beigegeben werden.

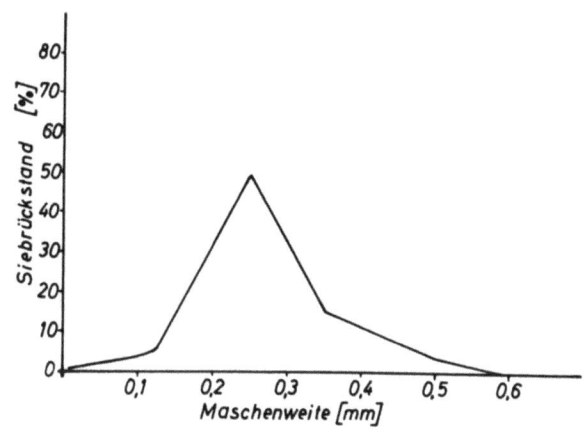

A b b i l d u n g   76

Siebanalyse des Versuchssandes (Glockenkurve)

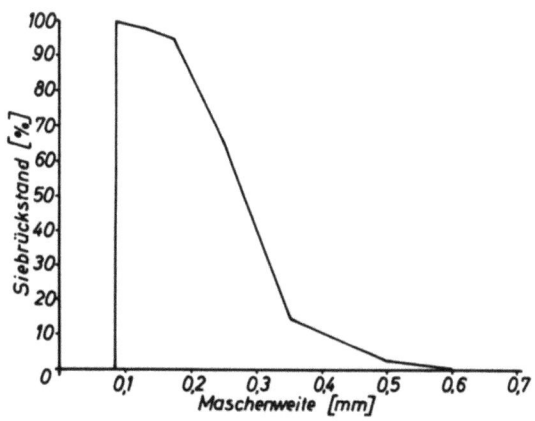

A b b i l d u n g   77

Siebanalyse des Versuchssandes (Summenhäufigkeit)

Der Sand wurde im Simpson-Labormischer aufbereitet. Der getrocknete
Quarzsand wurde mit 5 % Bentonit 2 Minuten im pulvrigen Zustand gemischt.
Dann wurde die Alkylin-Paste zugegeben, nun anschließend 4 min weiter
gemischt, bis die größte Gleichverteilung gemäß Vorversuchen erreicht
war.

Die Probekörper wurden mit Hilfe der Preßvorrichtung, Abbildung 74/75, auf einer Formmaschine verdichtet. Die Büchse mit Untersatz wurde auf die Tischplatte gelegt und mit der abgewogenen Sandmenge gefüllt. Die Sandoberfläche wurde durch eine 6 mm starke Stahlscheibe abgedeckt, die die Auflagefläche für den Stempel bildete. Dann wurde die Preßeinrichtung mittig unter das Preßhaupt gestellt. Durch Hochfahren des Preßzylinders wurde der Sand durch Pressen von oben (Formrücken) verdichtet.

Die Verdichtung des Sandes geschah mit spez. Preßdrücken bis zu 42 kg/cm^2 in Parallele zu den Versuchen in den USA. Durch Probeversuche wurden 10 sec als günstigste Preßzeit ermittelt. Nach dem Pressen wurden die Probekörper von Hand oder maschinell ausgestoßen.

4.32 Ermittlung der Sandkennwerte

Die Erkenntnis, daß für das Fließen des Sandes unter Druck Zeit erforderlich ist, konnte auch in diesem Druckbereich bestätigt werden. Zu diesem Versuch wurde der beschriebene Sand mit 1,7 % Feuchtigkeit von 5, 10 und 20 sec lang gepreßt, einschließlich der Zeit des Setzdruckes.

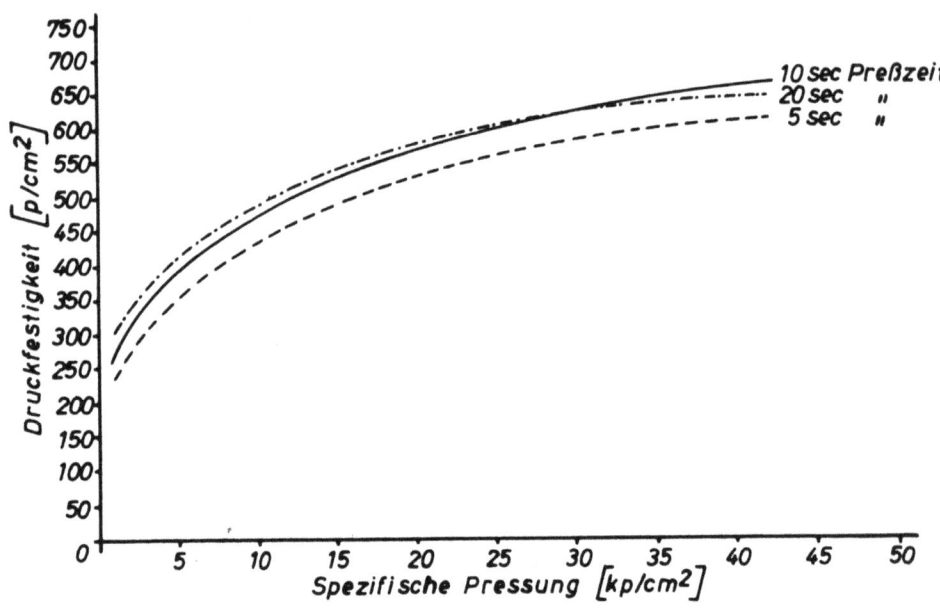

A b b i l d u n g 78
Druckfestigkeit bei verschiedener Preßzeit
und veränderlicher spezifischer Pressung

Anschließend wurden die Probekörper auf ihre Druckfestigkeit geprüft. Hierbei wurde ermittelt, daß bei 5 sec Preßzeit die Verdichtung noch nicht beendet ist. Bei Preßzeiten von 10 und 20 sec ergaben sich kaum Unterschiede in den Ergebnissen, so daß daraus 10 sec als Preßzeit festgelegt wurden. Das Ergebnis dieser Versuche ist in Diagramm Abbildung 78 wiedergegeben. Es bestätigt die bisher dargelegten Erkenntnisse. Dabei wurde nicht nur die Preßzeit verändert, sondern eine Versuchsserie über den ganzen Druckbereich bei diesen Preßzeiten gefahren.

Eine weitere Versuchsreihe änderte den Feuchtigkeitsgehalt. Bei konstanter Preßzeit von 10 sec. Die Druckfestigkeit steigt mit größerer Feuchtigkeit an, wie es Abbildung 79 veranschaulicht. Zur Kontrolle sind gleichfalls Scherfestigkeit und Gasdurchlässigkeit gemessen worden. (Siehe Abb. 80 und 81.)

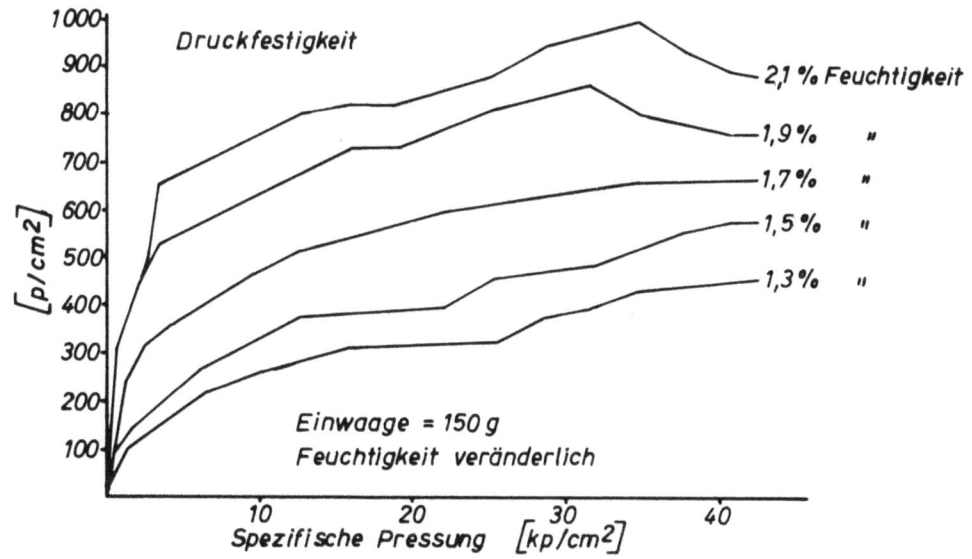

A b b i l d u n g 79
Druckfestigkeit in Abhängigkeit vom spez. Preßdruck
bei verschiedener Feuchtigkeit

Das Ansteigen der Festigkeitswerte ist darauf zurückzuführen, daß der Feuchtigkeitsgehalt für den verwendeten Bindergehalt zu niedrig lag. In anderen Versuchen hatte sich ergeben, daß mit steigendem Wassergehalt die Festigkeitswerte oberhalb eines Maximums abfallen. Daraus ist zu schließen, daß die bei dem verwendeten Sand erzielten Werte noch unterhalb des Maximum lagen, so daß eine Steigerung der Feuchtigkeit erst an das richtige Verhältnis von Binder zu Wasser herankommt, wodurch die Festigkeitswerte größer werden.

Der Abfall der Scherfestigkeit bei hohen Preßdrücken läßt sich folgendermaßen erklären: Bei konstanter Einwaage für die Probekörper und veränderlichem Druck wurden Probekörper etwa gleicher Größe erstellt. Im Bereich von 10 bis 42 kp/cm^2 sepz. Pressung betrug die Längenänderung dabei höchstens 2 mm. Diese Abweichung dürfte keinen meßbaren Einfluß auf die Scherfestigkeit ausüben, zumal sie innerhalb des zulässigen Fehlerbereiches liegt. Somit wird wahrscheinlich das Maximum in der Festigkeitskurve durch den Übergang vom primären zum sekundären Fließen hervorgerufen. Durch das sekundäre Fließen tritt eine Kornzertrümmerung auf, so daß die Berührungsflächen der Quarzkörner ohne Binder vergrößert werden. Daraus kann gefolgert werden, daß das sekundäre Fließen eine größere Verdichtung mit sich bringt, aber die damit verbundene Kornzertrümmerung die Festigkeit herabsetzt.

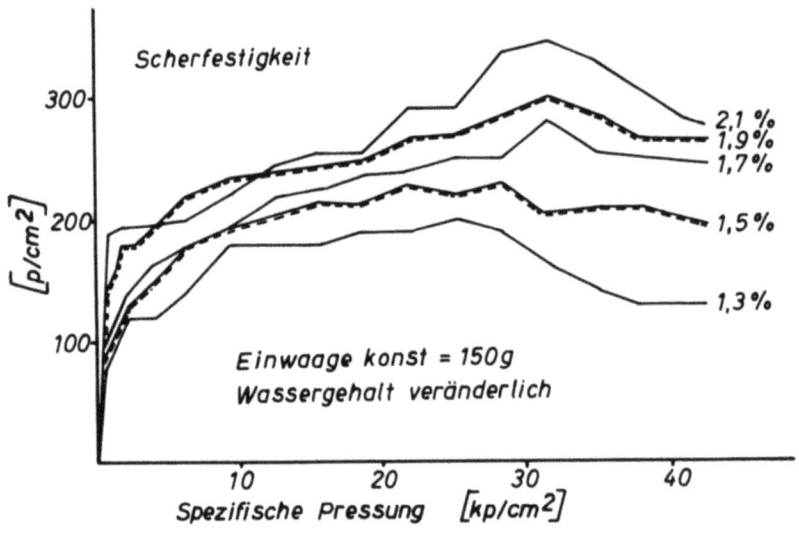

A b b i l d u n g   80

Scherfestigkeit in Abhängigkeit vom spez. Preßdruck
bei verschiedener Feuchtigkeit

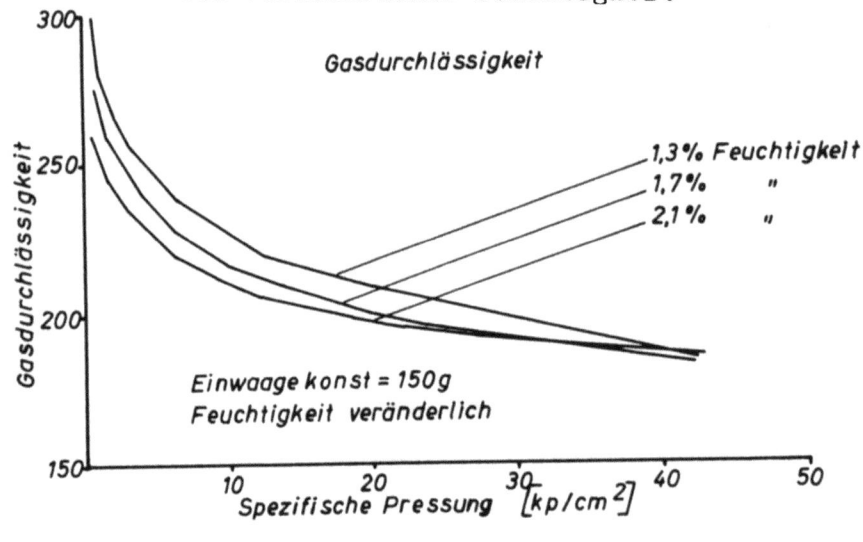

A b b i l d u n g   81

Gasdurchlässigkeit in Abhängigkeit vom spez. Preßdruck
bei verschiedener Feuchtigkeit

Die Ermittlung der Druckfestigkeit ergab ebenfalls ein Maximum bei Sanden mit Wassergehalten von 1,9 bis 2,1 % und läßt somit die gleichen Folgerungen zu, wie sie bei der Scherfestigkeit gemacht wurden.

Die Gasdurchlässigkeit wurde in bekannter Weise ermittelt. Wie aus Abbildung 84 zu ersehen ist, nimmt die Gasdurchlässigkeit mit steigendem Druck und steigendem Wassergehalt ab. Bei etwa 40 kp/cm² Preßdruck ist die Gasdurchlässigkeit aber bei allen Feuchtigkeitswerten gleich. Trotz der großen Preßdrücke liegt sie sehr hoch. Daraus wäre zu folgern, daß beim Hochdruckpressen keine Schwierigkeiten durch unzureichende Gasdurchlässigkeit eintreten könnten. Voraussetzung aber ist der Einsatz bentonitgebundener Sande, was wohl zu erwarten ist.

4.33 Das Verdichten und die Härte von Probekörpern unterschiedlicher Höhe

Von besonderer Bedeutung aber waren die Versuche bei zunehmender Höhe des Probekörpers. Die Ergebnisse sind in den Abbildungen 82 bis 86 niedergelegt. Die Verdichtung entsteht durch dichtere Aneinanderlagerung der Sandkörner unter Einfluß einer äußeren Kraft. Sie ist von der Sandart, dem Preßdruck, der Feuchtigkeit und der Höhe der Sandsäule abhängig, auf die der Druck ausgeübt wird. Die durchgeführten Versuche wurden stets mit der gleichen Sandmischung gefahren, während Feuchtigkeit, Preßdruck und Füllhöhe geändert wurden.

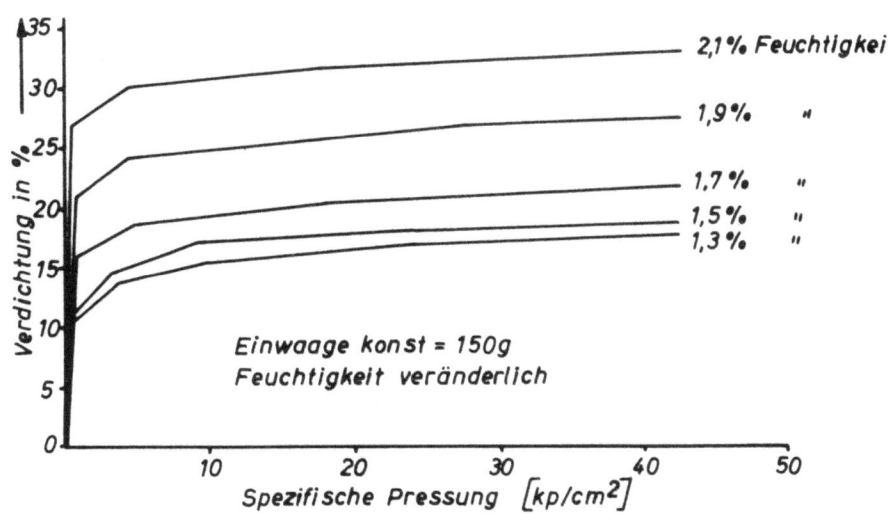

Abbildung 82

Verdichtung in Abhängigkeit vom spez. Preßdruck bei verschiedener Feuchtigkeit

Bei den Versuchen wurde zunächst der Preßdruck und dann die Feuchtigkeit geändert. Abbildung 82 zeigt, daß die Verdichtung oberhalb des üblichen Bereichs mit zunehmendem Preßdruck langsam ansteigt. Jedoch wirkt sich die Erhöhung des Wassergehaltes stärker aus.

Die Abhängigkeit der Verdichtung von der Sandhöhe bei einer Feuchtigkeit von 2 % wurde untersucht, indem die eingefüllten Sandmengen 150, 250, 300 und 350 g betrugen, was einer Probehöhe von 90, 135, 180 und 210 mm entspricht. Die Verdichtung (vgl. Abb. 83) nimmt mit steigender Höhe der Sandsäule ab. Somit gliedern sich die gesamten Versuche in bekannter und bereits dargelegter Weise in die Messungen dieser Zusammenhänge bei niedrigen spezifischen Preßdrücken ein.

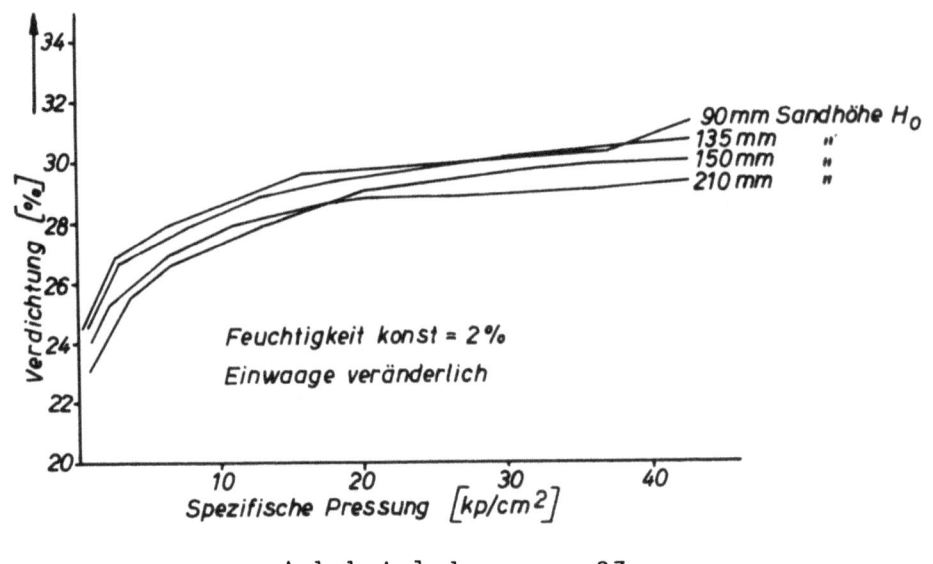

A b b i l d u n g 83

Verdichtung in Abhängigkeit vom spez. Preßdruck bei
verschiedenen Ausgangs-Sandhöhen

Die Härtemessungen brachten gleichfalls Bestätigungen bekannter Zusammenhänge. Als Meßgerät diente ein Kugeldruck-Härtemesser mit bisher üblichem Meßbereich. Die aufgenommenen Ergebnisse, Abbildung 84/86 geben ein anschauliches Bild von der Wirkung der Verdichtung. Bei niedrigen Preßhöhen (Probekörper 50 mm Höhe, Abb. 84) erreichen Rücken und Boden des Körpers mit steigendem Preßdruck zunehmend die gleiche Härte durch die Keilwirkung der Körner. Die mittlere Schicht besitzt stets eine geringere Härte als die Außenschichten. Beim Probekörper mit 75 mm Höhe (Abb. 85) tritt markant die Überschneidung der Härtekurve für die Bodenfläche mit der anderer Schichten heraus. Das besagt, daß im Bereich ohne Unterscheidung, hier bis etwa 4 kp/cm² spez. Preßdruck, die Fortpflanzung der Verdichtung von der Druckseite (hier vom Formrücken) her ständig abnimmt. Der Bereich wird mit wachsender Höhe der Sandsäule stetig größer.

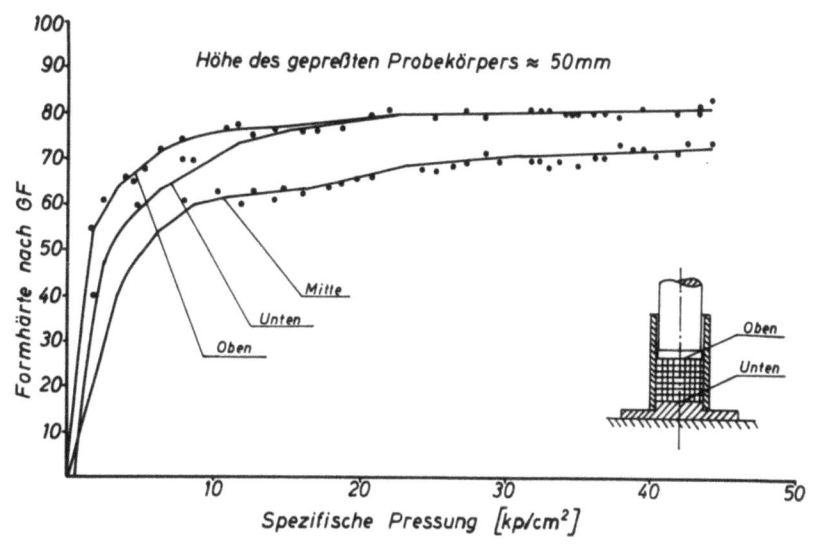

A b b i l d u n g 84

Formhärte bei unterschiedlichem spez. Preßdruck an einem Probekörper von 50 mm Höhe

Aus Diagramm Abbildung 86 ist zu ersehen, daß die Härte am Boden eine Funktion der Höhe der Sandsäule ist. Die Härte am Rücken ist praktisch in allen Fällen annähernd gleich. Jedoch ist dies nicht von praktischer Bedeutung, da meist vom Formrücken her gepreßt wird, so daß die Modellseite somit die unterschiedliche Härteausbildung erhält, wie sie sich aus der Höhe der Sandsäule ergibt. Somit wäre ein Pressen von der Modellseite her zu empfehlen, was jedoch selten durchgeführt wird.

4.34 Kornzertrümmerung beim Hochdruckpressen

Die Arbeiten von BARLOW [7] und HEINE [6] zeigten auf, daß beim Pressen zwischen einem primären und sekundären Fließen zu unterscheiden ist. Um die Aussage nachzuprüfen, und den Augenblick des sekundären Fließens zu bestimmen, wurde versucht, die Kornzertrümmerung während des Preßvorganges zu ermitteln. Bei den Vorversuchen mit Quarzsand H 33 ergaben sich keine mit Sicherheit festlegbaren Ergebnisse. Obwohl der Sand spez. Preßdrücken bis zu 80 kp/cm² ausgesetzt wurde, trat keine praktisch meßbare Kornzertrümmerung ein. Erst die Wiederholung der Versuche bei Drücken bis zu 160 kp unter Verwendung eines gröberen Sandes brachte die Bestätigung des sekundären Fließens. Um gute demonstrierbare Ergebnisse zu erreichen, wurden aus dem Quarzsand H 31 nach dem Trocknen die Fraktionen 0,6 0,5 0,4 und 0,3 ausgesiebt und einzeln verschiedenen spez. Preßdrücken ausgesetzt. Die für einen Versuch verwendete Sandmenge betrug 50 g. Nach dem Pressen wurden die 50 g wiederum gesiebt. Die Minderung der Gewichtsmenge auf dem Sollsieb wurde als Zertrümmerung in % angegeben und ist in Diagramm Abbildung 87 dargestellt.

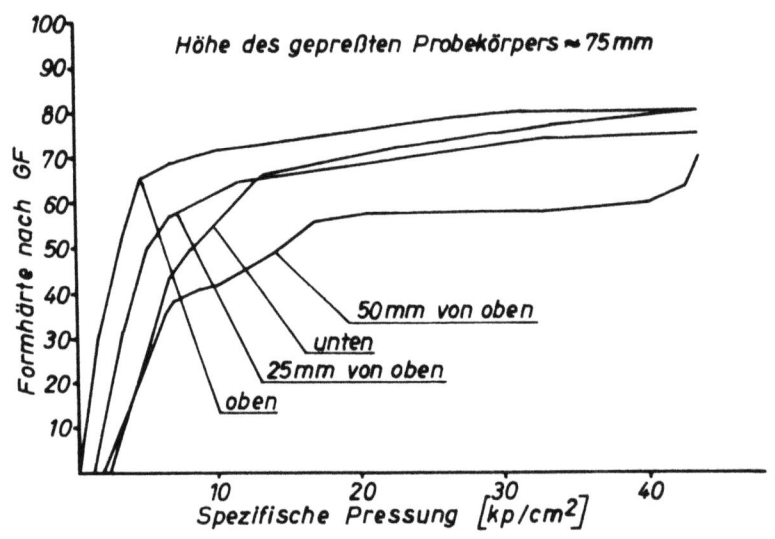

A b b i l d u n g 85

Formhärte bei unterschiedlichem spez. Preßdruck an
einem Probekörper von 75 mm Höhe

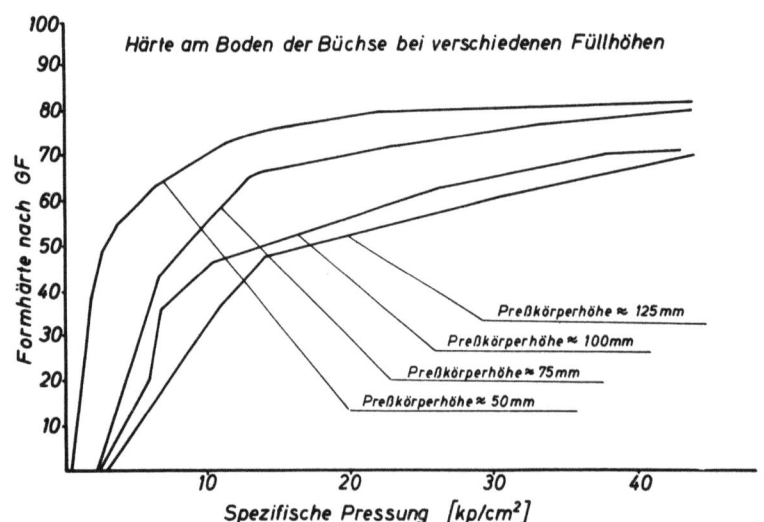

A b b i l d u n g 86

Formhärte an der Bodenseite bei unterschiedlichem
spez. Preßdruck an Probekörpern verschiedener Höhe

Aus dem Diagramm geht hervor, daß die Fraktion 0,5 mm am meisten zertrümmert wurde, die Fraktion 0,3 mm dagegen am geringsten. Den weitaus geringsten Einfluß übte der Preßdruck auf die feinste der untersuchten Fraktionen aus. Selbst bei einem Preßdruck von 160 kp/cm^2 überstieg der Anteil der zertrümmerten Körner nicht 6 %. Bei den für das Hochdruckpressen in den USA angegebenen Drücken von etwa 40 kp/cm^2 betrug die Zertrümmerung nur noch 2,5 %. Da beim Hochdruckpressen bedeutend feinere Sande verwendet werden sollen, wird sich hierbei wohl kaum eine große Veränderung der Sandkörner durch das Pressen allein einstellen. Weiterhin ist zu bedenken, daß in der Praxis Sande mit einer Anzahl verschiedener Kornfraktionen verwendet werden. Dabei füllen die feineren Fraktionen die Räume zwischen den gröberen Körnern aus und wirken einer Kornzertrümmerung der groben Fraktionen entgegen. Nur so läßt es sich erklären, daß bei einer Prüfung des Sandes H 33 keine besonderen Ergebnisse beobachtet wurden.

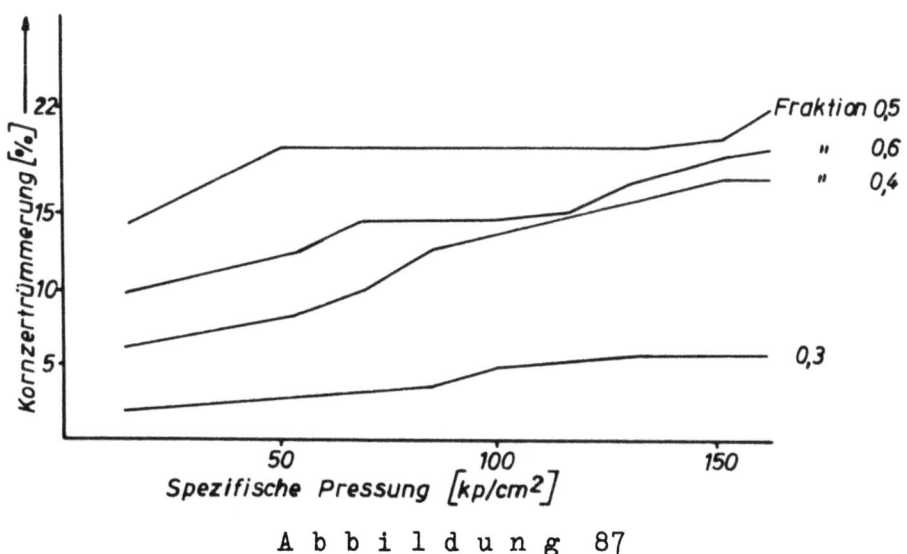

A b b i l d u n g 87

Kornzertrümmerung bei verschiedenem spez. Preßdruck

Die folgenden Abbildungen 88/89 der Sandfraktion vor und nach dem Pressen sollen die auftretende Kornzertrümmerung anschaulich belegen. Die Versuche wurden an trockenem Quarzsand durchgeführt, da, wie bewiesen, Zugaben wie Binder die Zertrümmerung durch Ausfüllen der Porenräume abbremsen. Die gleichen Erkenntnisse [30] ergaben die Versuche über die Kornzertrümmerung beim Mischen und beim Schleudern. Auch hier wirkte sich jeder Zusatz als Bremse der Kornzerkleinerung aus.

Abbildung 88

Fraktion 0,6 mm im Ausgangszustand

Abbildung 89

Fraktion 0,6 mm nach dem Pressen mit p_{spez} = 160 kp/cm^2

4.4 Rütteln und Hochdruckpressen

4.41 Rütteln unter Preßdruck bei höheren spez. Drücken

In der betrieblichen Praxis hatte sich in jüngster Zeit vielfach gezeigt, daß es für die Ausbildung guter Oberflächen vorteilhaft ist, wenn erst kurz gerüttelt wird, um dann nachzupressen. Andererseits hatte sich ergeben, daß das Rütteln unter Preßdruck Vorteile mit sich bringt, da Zeit gespart wird und der Härteverlauf wesentlich gleichmäßiger als beim Rütteln und Nachpressen ist. So interessierte, ob das Rütteln unter Hochdruck auch bessere Ergebnisse bringen würde. Jedoch war diese Versuchsreihe leider nicht mit einer Form betrieblicher Abmessung zu erstellen. Keine heute übliche Maschine läßt spezifische Preßdrücke bis 40 kp/cm^2 zu. Da auch nur eine Rüttelpreßmaschine mit max 2,5 kp/cm^2

bei 1 400 cm² Formteilfläche zur Verfügung steht, so mußte die Versuchsreihe mit Probekörpern gefahren werden.

Die Probekörper wurden wieder in der beschriebenen Vorrichtung erstellt. Die Sandmischung wurde aus Quarzsand H 33, 5 % Bentonit, 2 % Wasser und 6 % Kohlenstaub hergestellt. Der Sand wurde 8 min gemischt und von Hand gesiebt. Die Proben wurden 10 sek unter Preßdruck gerüttelt bei Preßdrücken von 2,5 bis 40 kp/cm². Schon während des Vorversuches zeigte sich, daß das Sandgewicht für Probekörper von 50 mm Höhe mit zunehmendem spezifischen Preßdruck ansteigt.

Sofern die bisherigen Ausführungen zu recht bestehen, so müßte entsprechend der Gewichtszunahme der erstellten Körper auch eine Kurve der Härtewerte mit gleicher Tendenz sich ergeben. Die Messung bestätigte die Voraussage, wie es Abbildung 90 zeigt. Auch die Härteverteilung über die Höhe der Sandsäule lag in engeren Grenzen. Diese Tatsache ließ sich auch bei verschiedenen Höhen der Sandsäule stets nachweisen. Zwar lag die größte Härte am Rücken des Körpers, da von hier aus gepreßt wurde, wie es sich auch im heute üblichen Preßbereich ergeben hatte.

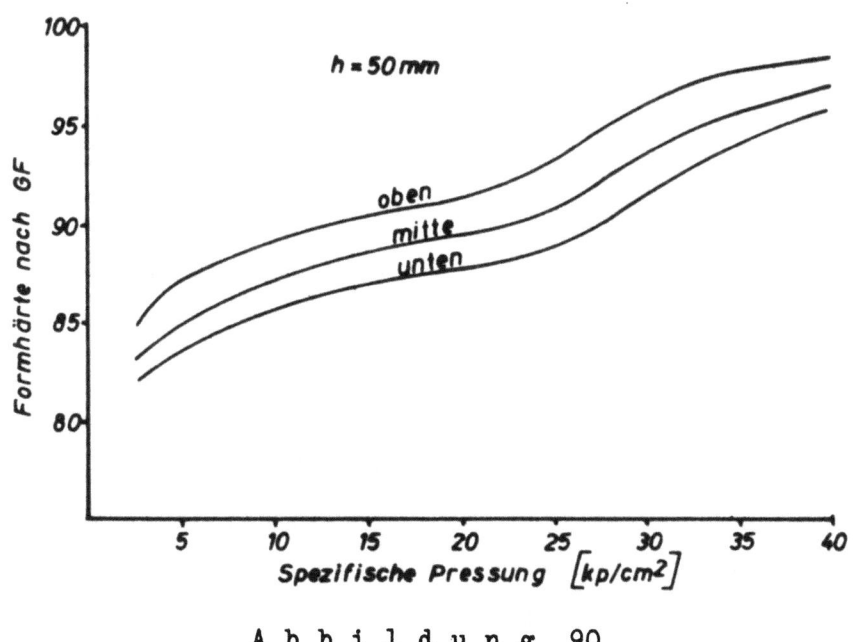

A b b i l d u n g 90

Formhärte beim Rütteln unter hohem spezifischen Preßdruck

Bei der Ermittlung der Druck- und Scherfestigkeit, Diagramm Abbildung 91, zeigte sich, daß durch eine Steigerung von p_{spez} von 2,5 auf 40 kp/cm² die Druckfestigkeit von 600 auf 1 200 p/cm² und die Scherfestigkeit von 120 auf 190 p/cm² gesteigert werden konnte. Dabei sank die Gasdurchlässigkeit von 38 auf 27. Eine meßbare Kornzertrümmerung war hierbei praktisch nicht festzustellen.

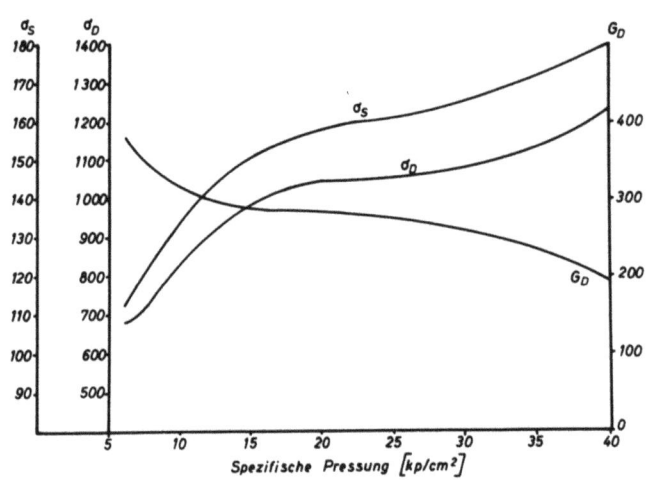

A b b i l d u n g   91

Sandkennwerte beim Rütteln unter hohem spezifischen Preßdruck

4.42 Rütteln und Nachpressen mit höheren Drücken

Unter den gleichen Bedingungen und mit demselben Sand wie zu Abschnitt 4.41 wurden wiederum Proben erstellt. Hierbei wurden 5 Rüttelschläge aufgebracht, um die Körper anschließend 10 sec lang mit dem gewünschten spez. Preßdruck zu pressen.

Die Ergebnisse weichen gänzlich von denen ab, die beim Rütteln unter Preßdruck erzielt wurden. Es stellte sich hierbei zwar auch mit steigendem Preßdruck eine gleichmäßige Verdichtung und somit eine gleichmäßigere Härteverteilung in den Probekörpern ein, aber der Verlauf der Härtekurven war ein anderer (vgl. Abb. 92). Bis zu einem Preßdruck von 8 kp/cm^2 steigen die Härtewerte steil an, während sie von 8 bis 12 kp/cm^2 nahezu konstant bleiben. Bei weiteren Erhöhungen des Preßdrucks auf 25 kp/cm^2 vergrößert sich die Härte wiederum. Ab 25 kp/cm^2 Preßdruck bleibt die Härte dann wiederum konstant. Diese Erscheinung trat bei allen Probenhöhen auf. Auch bei der Untersuchung der Verformung von Formkästen beim Hochdruckpressen wurde der gleiche Kurvenverlauf ermittelt. Daraus ist zu schließen, daß hierbei bis p_{spez} = 8 kp/cm^2 das primäre Fließen des Sandes stattfindet, wobei die Sandkörner eine dichtere Packung einnehmen. Zwischen 8 bis 12 kp/cm^2 findet das sekundäre Fließen vornehmlich statt, indem die Kornecken abgebrochen wurden.

Bei 25 kp/cm² scheint der verwendete Sand seine Endverdichtung erreicht zu haben, so daß er von dort ab ähnlich wie ein fester Körper sich verhält.

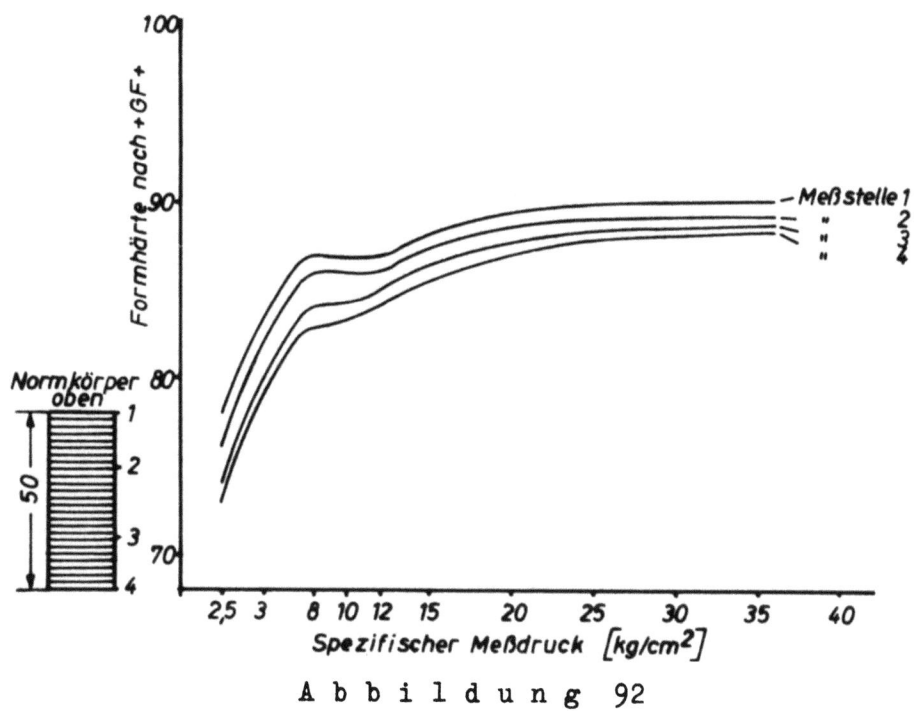

A b b i l d u n g 92

Formhärte beim Rütteln und Nachpressen mit höherem Druck

Bei den Untersuchungen der Formkästen hatte sich gezeigt, daß eine allseitige Ausbreitung des Druckes, etwa analog einer Flüssigkeit im Bereich bis 8 kp/cm² zu verzeichnen ist. Oberhalb der 25 kp/cm² wirkt der Sand wie ein fester Körper und leitet somit senkrecht eingeleiteten Druck auch nur senkrecht weiter, ohne daß zusätzlich Seitendruck auftritt. Diese Untersuchungen, hier nur angedeutet, sollen dazu dienen, die hier angeführten Aussagen zu festigen.

Bei diesen Versuchen war auch die Kornzertrümmerung größer als beim Rütteln unter Hochdruck-Pressen.

Die Annahme des primären und sekundären Fließens wird auch durch die Werte der Druck- und Scherfestigkeit sowie durch die Gasdurchlässigkeit bestätigt (Diagramm Abb. 93).

Auch bei diesen Versuchen ergab sich eine klar aufzeigbare Parallele zu den Untersuchungen im Niederdruckbereich. Hier wurde auch festgestellt, daß Rütteln unter Preßdruck Vorteile gegenüber dem reinen Pressen und dem Rütteln und Nachpressen aufweist.

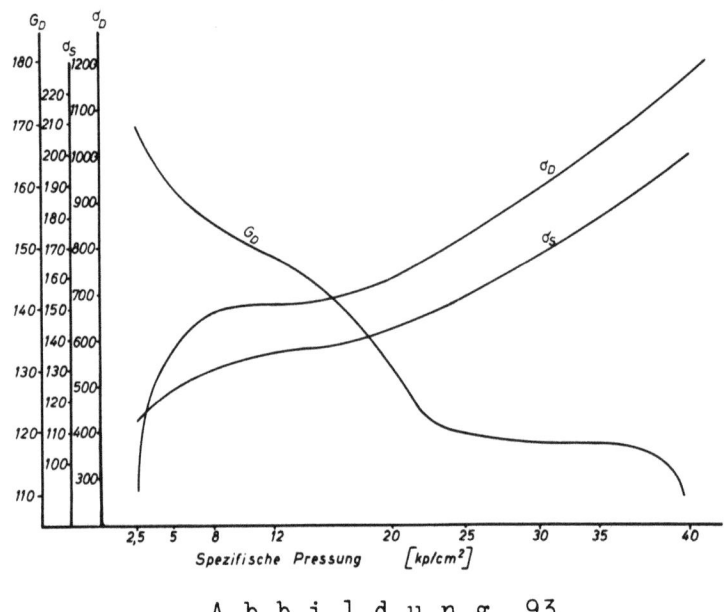

Abbildung 93

Sandkennwerte beim Rütteln und Nachpressen mit höherem Druck

4.5 Formen nach dem Hochdruck-Preßverfahren

4.51 Sandart und Versuchsdurchführung

Aus den angestellten Vorversuchen war zu erkennen, daß sicherlich ein brauchbares Ergebnis beim Hochdruckpressen zu erzielen sein würde, wenn ein bentonitgebundener Sand mit ausreichender Gasdurchlässigkeit verwendet wird. Der Preßbereich könnte nach den vorliegenden Untersuchungen bei 25 kp/cm^2 beendet werden. Doch sollten die gesamten Versuche nun auch für den ganzen bisher untersuchten Bereich bis 40 kp/cm^2 ausgedehnt werden.

Für die Versuche wurde eine eigens dafür beschaffte Presse benutzt, die durch Handbetätigung 20 Tonnen Preßkraft erzeugt. Sie konnte nicht größer gewählt werden, da sonst die Kosten nicht vertretbar erschienen. Die Presse ist in Abbildung 94 dargestellt. Für diese Abmessung mußten Formkästen beschafft werden, die nach den Vorversuchen wesentlich stärker sein mußten, als es üblich ist. Es wurden Kästen von 160 · 290 · · 100 mm aus GG bei 30 mm Wandstärke hergestellt und speziell abgegossen. Der Berichter ist hierfür Herrn Betriebsleiter BIERMANN, Duisburg, zu besonderem Dank verpflichtet. Auch die Unterlegplatte und die Preßplatte mußten besonders stabil und steif ausgeführt werden, die Preßplatte genau bearbeitet, um ein sattes Anliegen in den auch innen bearbeiteten Formkästen zu erreichen. Schon geringe Luft zwischen Kastenwand und Preßplatte läßt an diesen Stellen die Preßwirkung unerträglich stark absinken.

Abbildung 94
Presse zum Erstellen der Formen

Das Modell war so zu wählen, daß es extrem Schwierigkeiten mit sich bringen sollte. Es ist in Abbildung 95 dargestellt. Dabei wurden folgende geometrische Formen kombiniert: eine konkave Fläche und eine dazu konvexe, ein flaches Modellstück mit einer steilen Wand und schließlich ein Abschnitt, der Rippen enthält. Diese stehen zum Teil so eng, daß auch in heute üblichen Verfahren bereits erhebliche Schwierigkeiten auftreten. Gerade diese Stellen waren daher oft Anlaß zu unvollkommenen Formen. Die Abmessungen des Modells sind in Maßskizze Abbildung 96 wiedergegeben.

Als Grundsand wurde Quarzsand "Haltern Nr. H 30 und H 33" verwendet. Um das Fließen und die Verdichtungsvorgänge sichtbar zu machen, wurden Schichten nach BERGHAUS verwendet. Rechtecke nach HEINE wurden noch nicht benutzt, da die Arbeit HEINE erst nach Beginn der Versuche bekannt wurde.

Der Sand bestand aus 100 % Quarzsand, 5 % Bentonit und 2 % Wasser. Er wurde in einem Bottichmischer (Schema Abb. 97) 8 min aufbereitet und anschließend von Hand gesiebt. Die Härtemessungen wurden an den Stellen

Abbildung 95
Versuchsmodell

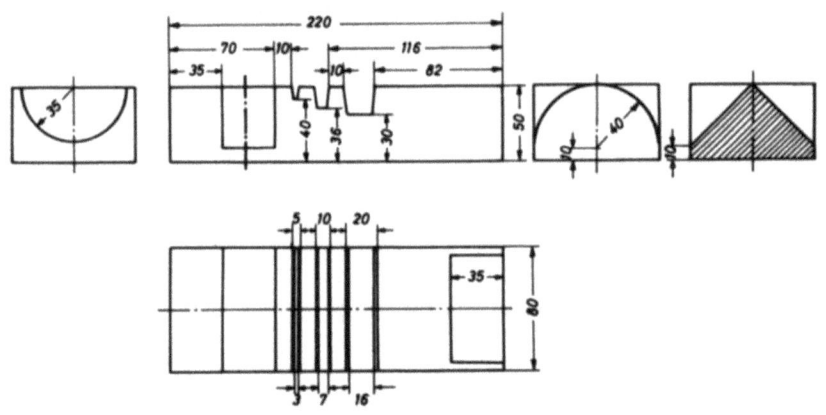

Abbildung 96
Maßskizze des Versuchsmodells von Abbildung 95

vorgenommen, die in Abbildung 98 gekennzeichnet sind. Die in den nachfolgenden Ergebnissen aufgeführten Werte sind das Mittel aus je drei Messungen. Durch das gepreßte Formteil wurde ein vertikaler Schnitt in Längsrichtung gelegt, um das Fließen des Sandes gut sichtbar zu machen, vgl. Abbildung 99. Es wurde jeweils 10 sec lang mit Drücken von 2,5 bis 40 kp/cm^2 gepreßt, siehe Abbildung 102.

Beim Gattieren des Sandes wurde so verfahren, daß Binder- und Wassergehalt variiert wurden. Die Auswertung der Meßergebnisse ergab, daß

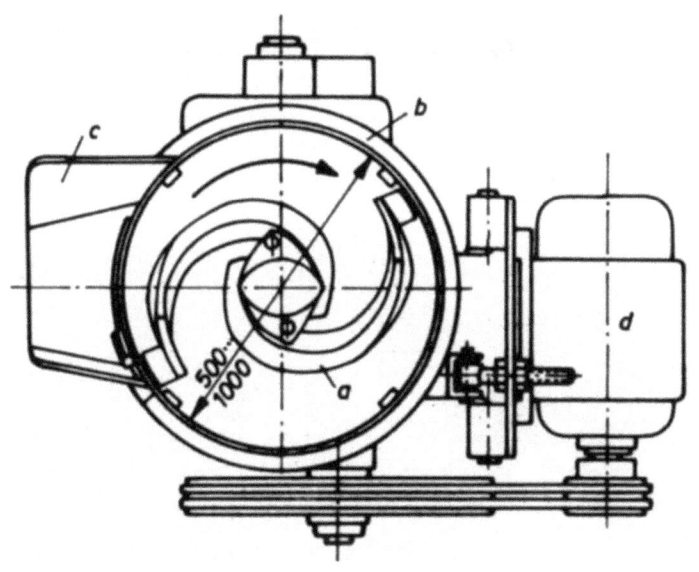

Abbildung 97

Bottigmischer mit gekrümmten Mischarmen

die erreichten Formhärten um so niedriger lagen, je kleiner das Verhältnis Binder/Wasser war. Auch war nur ein ganz schwacher Anstieg der Härte mit zunehmendem Preßdruck zu verzeichnen. Dies kann als Beweis dafür gelten, daß ein überschüssiger Wassergehalt das Fließen des Sandes behindert. Bei größer werdendem Verhältnis Binder/Wasser zeigte sich zunächst bis p_{spez} = 8 kp/cm^2 ein steiler Härteanstieg, während

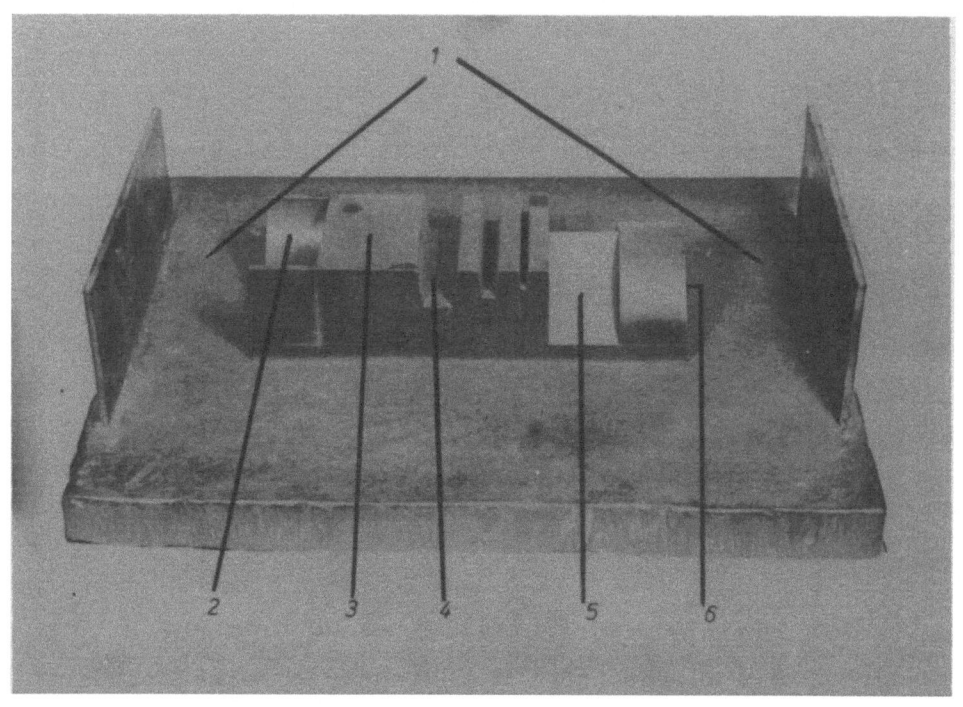

Abbildung 98

Meßstellen für die Formhärtemessung am Versuchsmodell

über p_{spez} = 8 kp/cm² die Härte nur noch langsam zunahm. Somit sind diese Versuche als Bestätigung zu Absatz 4.4 anzusehen.

A b b i l d u n g 99
Schnitt durch eine Form zur Sichtbarmachung
des Fließens verschiedener Sandschichten

Das Verhältnis Binder/Wasser besitzt einen Bestwert, denn es ist ein bestimmter Wassergehalt erforderlich, um den Binder aufquellen zu lassen. Daher ergab sich, daß bei 3 % Binder und 2 % H_2O die größte Härte zu erreichen war.

Die amerikanische Ansicht, daß feinere Sande sich durch Hochdruckpressen besser verdichten lassen, konnte hier nicht bestätigt werden. Vielmehr zeigte sich, daß die Härtewerte bei gleichem Binder- und Wassergehalt beim H 30 wesentlich höher lagen als beim H 33, vergleiche Abbildung 100. Hieraus ist folgerichtig abzuleiten, daß ein feinerer Sand mit einer größeren spez. Oberfläche mehr Binder benötigt, um alle Körner mit einer Binderschicht einzuhüllen und um seinen besten plastischen Zustand zu erreichen, wie es bekannten Auffassungen entspricht.

4.52 Einfluß des Hochdruckpressen auf die Maßhaltigkeit der Gußstücke

Bei diesen Untersuchungen wurden wiederum die Quarzsande H 30 und H 33 mit 5 % Bentonit, 2 % Wasser und 6 % Kohlenstaub verwendet. Der spez. Preßdruck lag gleichfalls zwischen 2,5 und 40 kp/cm². Die erstellten Formen wurden mit GG 18 abgegossen. Dabei wurde darauf geachtet, daß

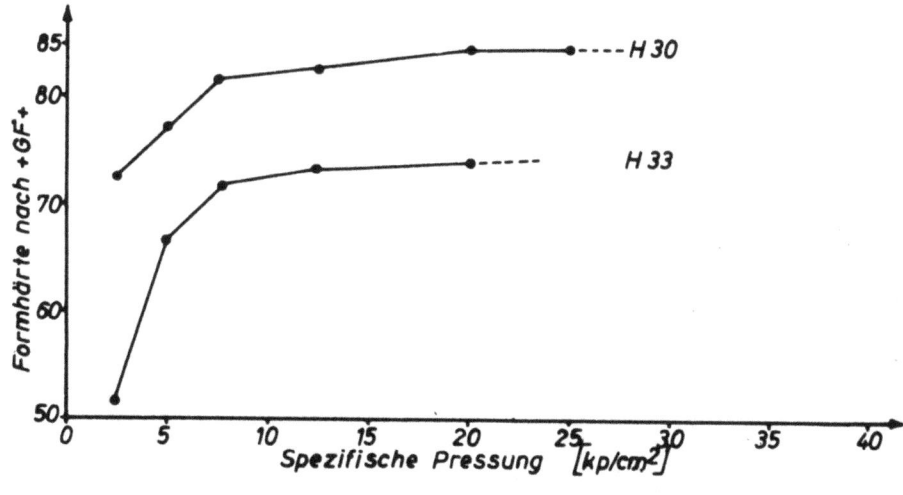

Abbildung 100
Formhärte unterschiedlich feiner Sande

die Gießtemperatur konstant etwa 1400° betrug. Bei höheren Preßdrücken bereitete das Ausheben des Modells Schwierigkeiten, da die dünnen Rippen jedesmal hängen blieben, was auf eine zu geringe Konizität des Modells zurückzuführen ist. Diese muß wesentlich größer als bei normalen Preßdrücken sein. Beim Abgießen der hochverdichteten Formen konnte festgestellt werden, daß das Eisen sehr unruhig war. Beim Vergleich der Oberflächen der Gußstücke war kein Unterschied in der Güte festzustellen. Dagegen zeigte sich mit zunehmendem Preßdruck eine anwachsende Schülpenbildung (vergleiche die Abbildungen 101 bis 104).

Bei den Formen, die mit Quarzsand H 33 erstellt waren, ergaben sich wesentlich saubere Oberflächen, was auf die Feinheit des Sandes zurückzuführen ist. Jedoch wirkte sich eine Steigerung des spez. Preßdruckes auf die Oberflächengüte nicht merklich aus. Auch hier war bei stark verdichteten Formen eine Schülpenbildung zu verzeichnen (Abb. 103 und 104). Die so gewonnenen Gußstücke wurden geputzt und dann gewogen. Da das Abschleifen der Angüsse sich nicht genau durchführen läßt, ist der Nachweis der abfallenden Gewichte bei zunehmendem Preßdruck nur schwer zu erkennen (Abb. 105). Da nur einige Gußstücke jeweils abgegossen werden konnten, ließ sich die Versuchsreihe leider nicht statistisch auswerten, um so zu einer genaueren Aussage über die Gewichtsabnahme zu kommen.

Besser ist die Maßtoleranz herauszuarbeiten. In Abbildung 106 sind die gemessenen Werte wiedergegeben, wobei die fallende Tendenz wesentlich deutlicher wird.

Abbildung 102

Gußstück durch Hochdruckpressen erstellt
in Sand H 30

Abbildung 104

Gußstück durch Hochdruckpressen erstellt
in Sand H 33 p_{spez} = 40 kp/cm^2

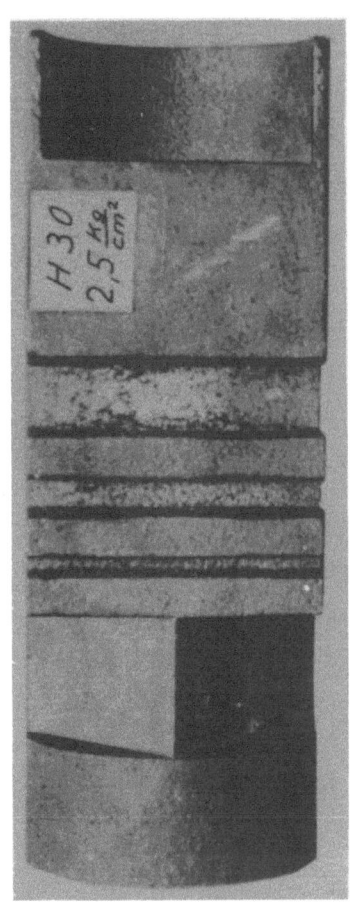

Abbildung 101

Normal geformtes Gußstück in Sand H 30
p_{spez} = 2,5 kp/cm^2

Abbildung 103

Normal geformtes Gußstück in Sand H 33
p_{spez} = 2,5 kp/cm^2

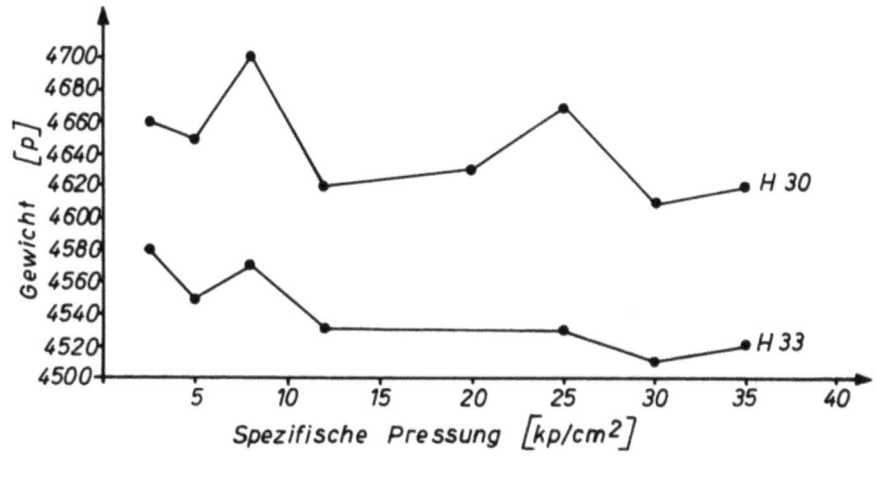

Abbildung 105
Gewichtstoleranzen bei verschiedenem spez. Preßdruck

Erstaunlich ist die Tatsache, daß die Maß- und Gewichtstoleranzen beim Sand H 33 wesentlich geringer ausfallen als beim Sand H 30. Die Härtewerte liegen beim Sand H 30 wesentlich höher. Diese Tatsache könnte bedeuten, daß die Formhärte nicht absolut als Maß für die Genauigkeit des Abgusses zu setzen ist. Dies deckt sich mit den Ausführungen von RODE-HÜSER, der das Treibmaß und den Verdichtungswiderstand auf eine bestimmte Sandart bezog. Daß allein schon der geringe Unterschied der Klassierung - selbst bei gleichem Fundort - so stark sich bemerkbar macht, ist aber besonders hervorzuheben.

4.53 Sandkennwerte aus Formen gleicher Härte

Durch die erheblichen Unterschiede der Gußstücke aus Formen mit Quarzsand H 30 und H 33 angeregt, wurden Formteile gleicher Härte zu erstellen versucht. Bei den Untersuchungen zur Ermittlung der besten Sandgattierung war festgestellt worden, daß bei verschiedenen Preßdrücken und Sandgattierungen Formen gleicher Härte sich erstellen lassen. Diese Formen wurden unter gleichen Bedingungen noch einmal hergestellt, wobei aber das Modell fortgelassen wurde. Hierbei ergaben sich Härtewerte von 80 FE. Die Abweichungen betrugen ± 3 FE. Aus den Formen wurden nun Probekörper ausgestochen, die nach der herkömmlichen Methode geprüft wurden. Die Werte für Druckfestigkeit, Scherfestigkeit und Gasdurchlässigkeit sind in Abbildung 107 aufgetragen. Der große Unterschied der Werte beweist, daß ein Zusammenhang zwischen Härte und Druck- und Scherfestigkeit nicht besteht, da die Härte nur einen Oberflächen-Zustand wiedergibt, die anderen Werte jedoch vom Gesamtaufbau abhängen.

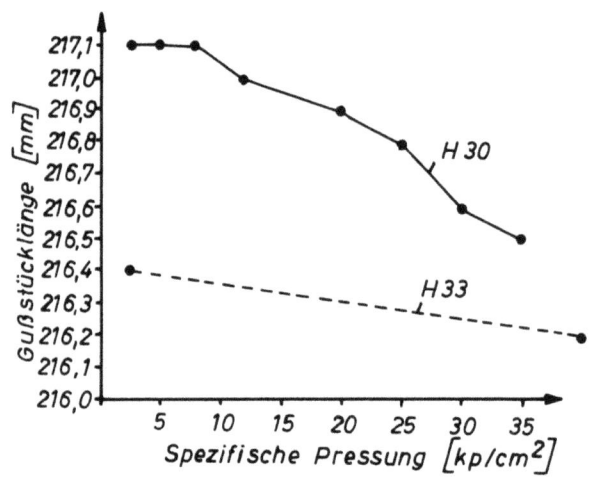

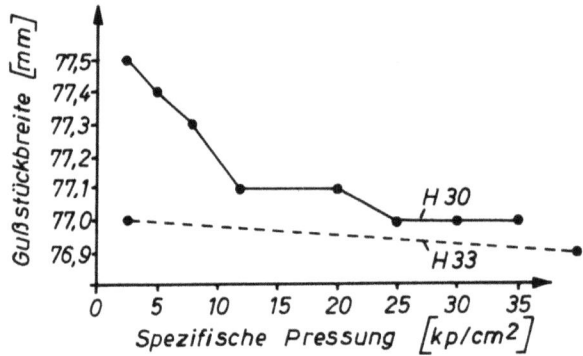

Abbildung 106

Maßtoleranzen in Abhängigkeit vom spez. Preßdruck

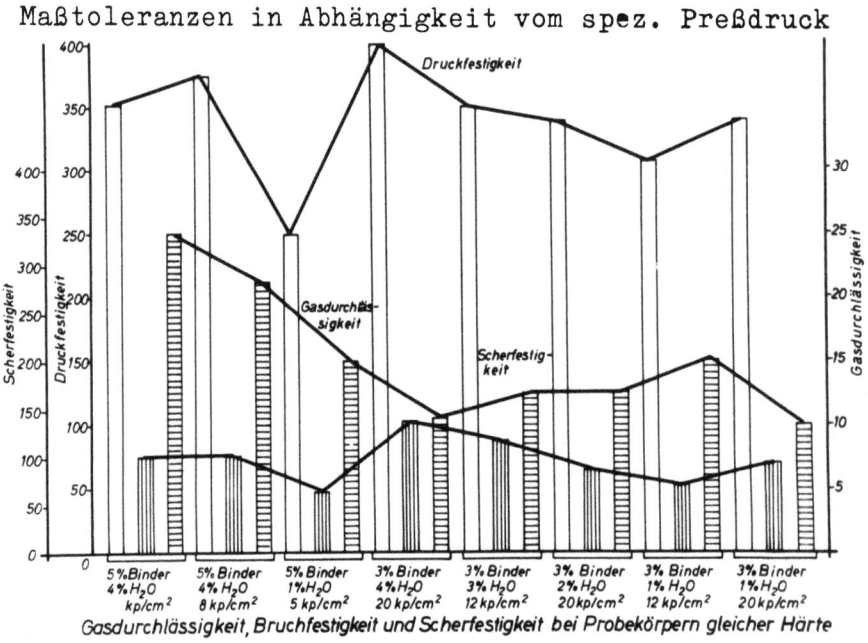

Abbildung 107

Sandkennwerte bei Formen gleicher Härte

4.54 Steigerung des Fließvermögens der Formsande

Es kann als ziemlich sicher angenommen werden, daß ab 8 kp/cm^2 eine wesentliche Steigerung der Verdichtung nicht mehr zu erreichen ist. Daher muß das Bestreben dahin gehen, bis zu diesem Zeitpunkt eine größtmögliche Verdichtung zu erzielen. Der Sand muß also so gut wie möglich zum Fließen gebracht werden. Für das Gleiten metallischer Flächen wurden vielfach Metallseifen eingesetzt. Es erscheint möglich, daß diese Stoffe auch das Gleiten der Sandteilchen günstig beeinflussen können.

Nach verschiedenen Vorversuchen erwiesen sich Stearate, die in der Kunststoffindustrie zu ähnlichen Zwecken verwendet werden, am geeignetsten. Es wurde ein synthetischer Formsand mit 5 % Bentonit, 2 % Wasser, 4 % Kohlenstaub und wachsenden Mengen an Magnesiumstearat erstellt. Aus diesem Sand wurden Probekörper durch Rammen hergestellt und auf Druckfestigkeit, Scherfestigkeit und Gasdurchlässigkeit geprüft. Abbildung 108 zeigt die hierbei gemessenen Werte. Wie aus dem Diagramm zu ersehen ist, findet mit zunehmendem Stearat-Zusatz eine stärkere Steigerung der Festigkeitseigenschaften statt.

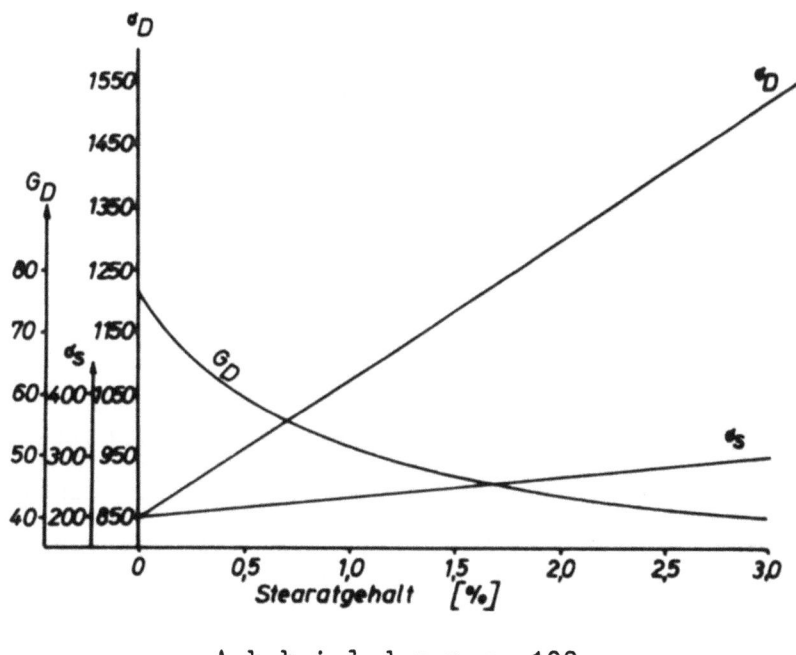

A b b i l d u n g 108

Sandkennwerte bei verschiedenen Zusätzen von Mg-Stearat

Diese Versuche weisen einen Weg, um die Sandeigenschaften zu verbessern. Natürlich lassen sich aus den Ergebnissen noch keine allgemein gültigen Aussagen ableiten, denn es sind noch umfangreiche Probleme, wie das Verhalten des Sandes beim Gießen usw., zu lösen. Auf jeden Fall erscheint es angebracht, durch Reihenversuche alle möglichen Mittel zu prüfen, um das bestmögliche Fließverhalten der Sande zu erzielen. Diese Versuche aber lassen sich nicht ohne Abgießen von Formen durchführen. Es muß geklärt werden, ob die Zusätze keinen schädlichen Einfluß auf die Gießvorgänge ausüben. Bei den durchgeführten Versuchen hatte sich gezeigt, daß eine wesentlich stärkere Gasentwicklung eintritt.

Der sich abzeichnende Weg wird jedoch erheblichen Zeit- und Versuchsaufwand erfordern. Der Bericht aber hatte sich zur Aufgabe gestellt, festzulegen, ob und unter welchen Bedingungen das Hochdruckpressen durchgeführt werden kann und welche Probleme sich dabei aufzeigen. Eine der wichtigsten Aufgaben ist, einen guten fließfähigen Sand zu finden. Daß hierfür besondere Gleitmittel einsetzbar erscheinen, war das Ergebnis dieser letzten Versuchsreihe. Sie soll anregen, die geeignete Sandart zu finden, wofür der Einsatz von Stearaten gegebenenfalls eine Lösungsmöglichkeit sein könnte.

5. Schlußbetrachtung

Angeregt durch die Vorteile des kastenlosen Formens und durch die Berichte aus den USA, nach denen das Hochdruckpressen Verbesserungen in bezug auf die Genauigkeit der erstellten Gußstücke bringen sollen, befaßte sich der Berichter eingehend mit dem Preßverfahren.

Dabei erschien es nötig, die Verfahrenstechnik "Formen durch Pressen" eingehend zu studieren. Das Verfahren bringt Vorteile, da es sich nach dieser Methode bei niedrigen Formteilabmessungen wesentlich schneller arbeiten läßt. Jedoch wurde vielfach aus der Praxis darauf verwiesen, daß die Gußstücke selbst bei gleicher Handhabung ungleichmäßig in der Gewichts- und Maßtoleranz ausfallen. Der Berichter stellte sich daher die Aufgabe, zu ergründen, welche maschinenbedingten Einflüsse hierfür verantwortlich sind. Als Ergebnis läßt sich erkennen, daß die richtige Verdichtung durch zweckmäßige Wahl der Füllrahmen und des aufzuwendenden Preßdruckes diese Fehler beheben helfen. Durch Einführung von Reduzierventilen in die Maschine ist neben der Maßgenauigkeit noch eine Einsparung an Energie, hier von Druckluft, zu erzielen.

Jedoch ist die richtige Verdichtung, wie sich ermitteln ließ, nicht allein für die Güte des Gußstücks verantwortlich. Das Beschweren muß so erfolgen, daß dem Auftrieb mit Sicherheit das Gleichgewicht gehalten wird. Bei geringerem Beschweren ist auf jeden Fall mit zusätzlichem Treiben zu rechnen.

Die Verdichtung ist in ihrer Höhe der nächste Faktor, um die Genauigkeit zu steigern. Bis 8 bis 10 kp/cm^2 ist im Bereich des primären Pressens mit erheblichen Steigerungen der Formhärte zu rechnen. Daher ist für die Genauigkeit des Abgusses zu empfehlen, auf jeden Fall bis an diese Grenze heranzugehen. Die Versuche haben erwiesen, daß jede Verfahrenstechnik hierfür geeignet ist, bei der Pressen als Endverfahren verwendet wird. Es kann dabei gerüttelt und nachgepreßt, wie auch unter Preßdruck gerüttelt werden. Oberhalb von 10 bis 12 kp/cm^2 sind wesentliche Vorteile nicht zu verzeichnen.

Von der Verfahrenstechnik her haben sich keine grundsätzlichen Unterschiede zwischen dem Arbeiten im Normalbereich und bei höheren Drücken ergeben. Jedoch ist wegen der Gleichmäßigkeit der Härteverteilung über die Formhöhe anzustreben, daß stets im oberen vertretbaren Bereich zu arbeiten ist. Mit zunehmender Formhöhe ist eine gewisse Steigerung des spez. Preßdruckes vorzunehmen, die durch Versuche zu ermitteln ist.

Entgegen früherer Behauptungen hat sich eindeutig erwiesen, daß üblich verwendete synthetische Formsande mit ausreichender Gasdurchlässigkeit <u>ohne</u> Zusätze für das Hochdruckpressen zu verwenden sind. Es ist nur darauf zu achten, daß die untere Grenze des erforderlichen Wassergehaltes eingestellt wird.

Jedoch wird sich eine Steigerung der Verdichtung und damit der Genauigkeit noch erzielen lassen, wenn Sande mit wesentlich *größerem Fließvermögen* eingesetzt werden. Die hierfür erforderlichen Binderzusätze sind durch Reihenversuche zu bestimmen. Sie werden nach den vorgelegten Versuchen aus der Reihe der Metallseifen zu entnehmen sein, wenn durch weitere Versuche nicht noch andere Stoffe gefunden werden.

Für die betriebliche Steuerung der Formherstellung ist ein wesentlich genaueres Härte-Meßgerät erforderlich, dessen Meßbereich erweitert werden muß. Dazu ist die Meßangabe unabhängig vom Gerät als Flächenbelastung in p/cm^2 in Anlehnung an die Brinell-Meßmethode durchzuführen. Hierfür wurde ein konstruktiver Vorschlag als Anregung gegeben.

Für die Formsandprüfung wurde ein Beitrag dahingehend geliefert, daß die ermessenen Werte der "klassischen Formsandprüfung" durch Rammen nicht auf die betrieblich erstellten Formen oder Probekörper sich übertragen lassen. Es erscheint nötig, Probekörper nach den jeweiligen Verdichtungsverfahren selbst zu erstellen. Diese sind weitgehend in ihrem Aufbau aequivalent mit den Schichtungen in der tatsächlichen Form. Ohne die "klassische Formsandprüfung" damit in Mißkredit bringen zu wollen oder sie zu verneinen, weisen die Untersuchungen darauf hin, daß ein engerer Zusammenhang zwischen Prüfverfahren und Formmethodik erarbeitet werden muß, sofern aus den Labor-Sandprüfungen Erkenntnisse für den Formvorgang gezogen werden sollen.

Schließlich ließ sich nachweisen, daß das Treibmaß von RODEHÜSER auch mit einfachen Geräten meßbar ist. Daraus ergibt sich die Hoffnung, daß Formen erstellbar sind, die nur ein gewünschtes Treiben aufweisen werden. Jedoch glaubt der Berichter darauf verweisen zu müssen, daß die Vorschläge von RODEHÜSER durch Reihenversuche auf ihre Einhaltbarkeit zu überprüfen sind, ehe sie als betriebliche Kontrollverfahren eingesetzt werden können. Jedoch ist der Vorschlag von RODEHÜSER der einzige Weg, um eine garantierbare Maßtoleranz an Gußstücken zu erzielen, die in grünen Sandformen erstellt werden.

Die Untersuchungen haben gezeigt, daß durch das Hochdruckpressen ohne Schwierigkeiten Verbesserungen der Gußerzeugung in bezug auf Maßhaltigkeit zu erreichen sind, wenn genauere Arbeitsmethoden, als heute üblich, eingehalten wurden. Die Versuche haben weiter geklärt, daß mit billigen Mitteln darüber hinaus noch Einsparungen an Energiekosten zu erzielen sind. Schließlich klärten sie, daß vom Theoretischen her sich das Hochdruckpressen mit seinen Variationen folgerichtig in die bekannten Untersuchungen über das Pressen einordnet.

Baurat Dipl.-Ing. Waldemar Gesell

Literaturverzeichnis

[1] RODEHÜSER, A.   Gießerei 1928, S. 829 - 835
                                     1929, S. 413 - 421
                                     1931, S. 116 - 124
                                     1928, S. 329 - 335

    RODEHÜSER, A. und   Gießerei 1931, S. 593 - 596
    U. WALLE   1931, S. 618 - 624
                                              S. 257

    WALLE, U.   Gießerei 1932, Heft 9/10, 13/14

    GERBER, H.   Dissertation Karlsruhe 1929
                                     "Untersuchungen von Rüttelmaschinen auf
                                     ihre Stoßintensität, deren Auswirkungen
                                     auf die Verdichtung von Formsand
                                     und ihre Messung durch neue Prüfverfahren"

[2]   Privatmitteilung an den Berichter

[3]   Privatmitteilung an den Berichter

[4] AKSJONOW, P.N. und N.P. "Die Ausrüstung von Gießereien" Bd. II,
                             Berlin 1952, Verlag Technik
                             (Original: russisch)

[5]   a) Luftverbrauch und Wirkungsgrade der
                                Preßformmaschinen
                                Gießerei 1954, Heft 3, S. 57 - 62

                             b) Sandverdichtung durch Pressen
                                Gießerei 1954, Heft 24, S. 627 - 645

                             c) Sandverdichten durch Rütteln
                                Gießerei 1958, S. 295 - 300

[6] HEINE, R.W.   "Moldung Sands, Molding Methods and
                             Casting Dimensions"

    HEINE, R.W.,   "Jolt Test for Sand"
    E.H. KING und
    J.S. SCHUMACHER

[6] HEINE, R.W. und T.W. SEATON — "Density of Sand Grain Fractions of the AFS Siere Analysis"

HEINE, R.W., E.H. KING und J.S. SCHUMACHER — "Mold Hardness: What it means!"
"Does Sand testing give us the Facts"
(Sonderdrucke: Foundry Cleveland und American Foundryman)

[7] BARLOW, T.E. und R. BURKE — "Pressure Molding Influences on Pattern and Rigging"
Trans. Amer. Foundry Ass. 1955
"High Pressure Molding"
Foundry Nr. 4 1944

BARLOW, T.E. und R.W. HEINE — "Studies high Pressure Molding"
Foundry Nr. 8 1953
"Lets Look at high Pressure Molding"
Am. Foundryman Sept. 1953

BARLOW, T.E. — "High Pressure Molding"
Foundry März 1958

[8] RODEHÜSER, A. — Der erforderliche Verdichtungszustand gußfertiger Formen, seine Berechnung und Nachprüfung nach neuen Methoden.
Gießerei 1928, Heft 34

[9] RODEHÜSER, A. — Dissertation Karlsruhe 1928

[10] FREY, V. — "Der Einfluß verschiedener Sandverdichtungsmethoden auf die Qualität von Graugußformen.
Dissertation Zürich 1950

[11] RODEHÜSER, A. — Die Betriebsüberwachung in der Gießerei durch zweckmäßige Prüfung des verdichteten Formsandes.
Die Gießerei 1928, S. 229 - 235

[12] BERGHAUS, B. — Kritische Betrachtungen zur Sandauflockerung und Sandverdichtung beim Formmaschinenbau.
Dissertation Hannover 1926

[13] BOSWORTH, T.J., R.W. HEINE, J.J. PARKER, E.H. KING und J.S. SCHUMACHER   "Sand Movement and Compaction in Green Sand Molding"
American Foundryman Januar 1959

[14] TREUHEIT, L.   Formstoffe und Formprüfung
Stahl und Eisen 1927, Heft 4

[15] LOHSE, U.   Stahl und Eisen 1921, S. 1209 - 1214

[16] RODEHÜSER, A.   Gießerei 1928, S. 830

[17] KESSNER   Gießerei 1927, S. 525 - 530

[18] PIWOWARSKY, E. und W. PATTERSON   Gießerei Technisch wissenschaftliche Beihefte 1954, S. 673 - 683

[19] RODEHÜSER, A.   Gießerei 1931, S. 122 - 123

[20]   Privatmitteilung nach einer Untersuchung von J. EMPTER, Bünde

[21]   Gießerei 1954, S. 62, B. 13

[22] HOFFMANN, C.   Lehrbuch der Bergwerksmaschinen
S. 313, B. 396, 1956 Springer Berlin

[23]   Gießerei 1954, S. 59, Bild 8
Gießereiverlag Düsseldorf

[24]   Studienarbeit von SEDLMAYR bei Baurat Dr. SCHAEFER, Staatl. Ingenieurschule, Duisburg

[25]   Privatmitteilung an den Berichter

[26]   Aachener Gießerei-Kolloquium 1958

[27] RUFF, W.   Gießerei 1957, S. 766 - 769
Gießereiverlag Düsseldorf

[28] HOFMANN, F.   Gießerei 1958, S. 9 - 13
                          Gießereiverlag Düsseldorf

[29]   50 Jahre VDG
                          Gießereiverlag Düsseldorf

[30]   Gießerei 1957
                          Gießereiverlag Düsseldorf

FORSCHUNGSBERICHTE DES LANDES NORDRHEIN-WESTFALEN

Herausgegeben durch das Kultusministerium

MASCHINENBAU

HEFT 45
Losenhausenwerk Düsseldorfer Maschinenbau AG., Düsseldorf
Untersuchungen von störenden Einflüssen auf die Lastgrenzenanzeige von Dauerschwingprüfmaschinen
1953, 36 Seiten, 11 Abb., 3 Tabellen, DM 7,25

HEFT 77
Meteor Apparatebau Paul Schmeck GmbH., Siegen
Entwicklung von Leuchtstoffröhren hoher Leistung
1954, 46 Seiten, 12 Abb., 2 Tabellen, DM 9,15

HEFT 100
Prof. Dr.-Ing. H. Opitz, Aachen
Untersuchungen von elektrischen Antrieben, Steuerungen und Regelungen an Werkzeugmaschinen
1955, 166 Seiten, 71 Abb., 3 Tabellen, DM 31,30

HEFT 136
Dipl.-Phys. P. Pilz, Remscheid
Über spezielle Probleme der Zerkleinerungstechnik von Weichstoffen
1955, 58 Seiten, 19 Abb., 2 Tabellen, DM 11,50

HEFT 147
Dr.-Ing. W. Rudisch, Unna
Untersuchung einer drehelastischen Elektromagnet-Synchronkupplung
1955, 82 Seiten, 65 Abb., DM 17,70

HEFT 183
Dr. W. Bornheim, Köln
Entwicklungsarbeiten an Flaschen- und Ampullen-Behandlungsmaschinen für die pharmazeutische Industrie
1956, 48 Seiten, 24 Abb., DM 11,70

HEFT 212
Dipl.-Ing. H. Spodig, Selm
Untersuchung zur Anwendung der Dauermagnete in der Technik
1955, 44 Seiten, 25 Abb., DM 9,80

HEFT 295
Prof. Dr.-Ing. H. Opitz und Dipl.-Ing. H. Axer, Aachen
Untersuchung und Weiterentwicklung neuartiger elektrischer Bearbeitungsverfahren
1956, 42 Seiten, 27 Abb., DM 10,30

HEFT 298
Prof. Dr.-Ing. E. Oehler, Aachen
Untersuchung von kritischen Drehzahlen, die durch Kreiselmomente verursacht werden
1956, 50 Seiten, 35 Abb., DM 13,15

HEFT 384
Prof. Dr.-Ing. H. Opitz, Aachen
Schwingungsuntersuchungen an Werkzeugmaschinen
1958, 66 Seiten, 73 Abb., DM 20,40

HEFT 412
Prof. Dr.-Ing. H. Opitz, Aachen
Kennwerte und Leistungsbedarf für Werkzeugmaschinengetriebe
1958, 72 Seiten, 35 Abb., DM 17,20

HEFT 506
Prof. Dr.-Ing. W. Meyer zur Capellen, Aachen
Der Flächeninhalt von Koppelkurven. Ein Beitrag zu ihrem Formenwandel
1958, 74 Seiten, 26 Abb., DM 21,50

HEFT 533
Prof. Dr.-Ing. H. Opitz und Dipl.-Ing. W. Hölken, Aachen
Untersuchung von Ratterschwingungen an Drehbänken
1958, 70 Seiten, 44 Abb., 2 Tabellen, DM 19,70

HEFT 606
Oberbaurat Prof. Dr.-Ing. W. Meyer zur Capellen, Aachen
Eine Getriebegruppe mit stationärem Geschwindigkeitsverlauf
1958, 34 Seiten, 21 Abb., DM 10,50

HEFT 631
Dr. E. Wedekind, Krefeld
Der Einfluß der Automatisierung auf die Struktur der Maschinen- und Arbeiterzeiten am mehrstelligen Arbeitsplatz in der Textilindustrie
1958, 72 Seiten, 32 Abb., 8 Tabellen, DM 21,10

HEFT 667
Prof. Dr.-Ing. H. Opitz und Dipl.-Ing. H. de Jong, Aachen
Schwingungs- und Geräuschuntersuchung an ortsfesten Getrieben
1959, 32 Seiten, 28 Abb., 2 Tabellen, DM 10,30

HEFT 668
Prof. Dr.-Ing. H. Opitz, Dipl.-Ing. G. Ostermann und Dipl.-Ing. M. Gappisch, Aachen
Beobachtungen über den Verschleiß an Hartmetallwerkzeugen
1958, 38 Seiten, 26 Abb., DM 12,—

HEFT 669
Prof. Dr.-Ing. H. Opitz, Dipl.-Ing. H. Uhrmeister und Dipl.-Ing. K. Jüstel, Aachen
Aufbau und Wirkungsweise einer Magnetbandsteuerung
1958, 50 Seiten, 39 Abb., DM 15,—

HEFT 670
Prof. Dr.-Ing. H. Opitz und Dipl.-Ing. W. Backé, Aachen
Untersuchung von Kopiersteuerungen
1959, 70 Seiten, 54 Abb., DM 18,80

HEFT 671
Prof. Dr.-Ing. H. Opitz, Dr.-Ing. R. Piekenbrink und Dipl.-Ing. K. Honrath, Aachen
Untersuchungen an Werkzeugmaschinenelementen
1959, 70 Seiten, 71 Abb., DM 20,—

HEFT 672
Prof. Dr.-Ing. H. Opitz, Dipl.-Ing. H. Heiermann und Dipl.-Ing. B. Rupprecht, Aachen
Untersuchungen beim Innenrundschleifen
1959, 34 Seiten, 50 Abb., DM 11,50

HEFT 673
Prof. Dr.-Ing. H. Opitz, Dipl.-Ing. H. Obrig und Dipl.-Ing. K. Ganser, Aachen
Die Bearbeitung von Werkzeugstoffen durch funkenerosives Senken
1959, 60 Seiten, 41 Abb., 1 Tabelle, DM 18,—

HEFT 676
Prof. Dr.-Ing. W. Meyer zur Capellen, Aachen
Harmonische Analyse bei Kurbeltrieben.
I. Allgemeine Zusammenhänge
1959, 38 Seiten. 10 Abb., DM 11,50

HEFT 695
Dr.-Ing. W. Herding, München
Die Fahrdynamik und das Arbeitsspiel gleisloser Erdbaugeräte als Kalkulationsgrundlage für die Bodenförderung und ihre Kosten
1960, 178 Seiten, 89 Abb., 18 Tabellen, DM 49,—

HEFT 718
Prof. Dr.-Ing. W. Meyer zur Capellen, Aachen
Die geschränkte Kurbelschleife
I. Die Bewegungsverhältnisse
1959, 110 Seiten, 54 Abb., DM 29,20

HEFT 764
Prof. Dr.-Ing. H. Opitz, Dipl.-Ing. H. Siebel und Dipl.-Ing. R. Fleck, Aachen
Keramische Schneidstoffe
1959, 30 Seiten, 18 Abb., DM 9,80

HEFT 772
Prof. Dr.-Ing. W. Meyer zur Capellen
Nomogramme zur geneigten Sinuslinie
1959, 28 Seiten, 11 Abb., DM 8,50

HEFT 775
Prof. Dr.-Ing. H. Opitz
Automatische Erfassung der Maßabweichung der Werkstücke zum Zweck der selbständigen Korrektur der Maschine
1959, 38 Seiten, 27 Abb., DM 11,40

HEFT 777
Prof. Dr.-Ing. H. Opitz und Dipl.-Ing. P.-H. Brammertz, Aachen
Werkstückgüte und Fertigkeitskosten beim Innen-Feindrehen und Außenrund-Einsteckschleifen
1959, 92 Seiten, 68 Abb., DM 25,30

HEFT 788
Prof. Dr.-Ing. Herwart Opitz, Aachen
Der Einsatz radioaktiver Isotope bei Zerspanungsuntersuchungen
1959, 36 Seiten, 23 Abb., DM 11,30

HEFT 794
Dipl.-Ing. Reinhard Wilken, Düsseldorf
Das Biegen von Innenborden mit Stempeln
1959, 82 Seiten, DM 22,40

HEFT 801
Baurat Dipl.-Ing. Gesell, Duisburg
Ersatz von Quarzsand als Strahlmittel
1960, 66 Seiten, 12 Abb., 4 Tabellen, 17 Diagramme, DM 18,90

HEFT 803
Prof. Dr.-Ing. W. Meyer zur Capellen und Dipl.-Ing. E. Lenk, Aachen
Harmonische Analyse bei Kurbeltrieben. Teil II: Gleichschenklige Getriebe
1960, 69 Seiten, 15 Abb., DM 18,40

HEFT 804
Prof. Dr.-Ing. W. Meyer zur Capellen und Dipl.-Ing. W. Rath, Aachen
Die geschränkte Kurbelschleife. Teil II: Die Harmonische Analyse
1960, 66 Seiten, 14 Abb., DM 18,90

HEFT 806
Prof. Dr.-Ing. H. Opitz u. a., Aachen
Untersuchungen von Zahnradgetrieben und Zahnradbearbeitungsmaschinen
1960, 95 Seiten, 81 Abb., DM 29,30

HEFT 809
Prof. Dr.-Ing. H. Opitz und Dipl.-Ing. H. H. Herold, Aachen
Untersuchung von elektro-mechanischen Schaltelementen
1960, 35 Seiten, 16 Abb., DM 11,—

HEFT 810
Prof. Dr.-Ing. H. Opitz und Dr.-Ing. N. Maas, Aachen
Das dynamische Verhalten von Lastschaltgetrieben
1960, 97 Seiten, 77 Abb., DM 29,50

HEFT 811
Prof. Dr.-Ing. H. Opitz und Dipl.-Ing. H. Bürklin, Aachen
Fa. Schoppe & Faeser, Minden, bearbeitet im Auftrage des Forschungsinstitutes für Rationalisierung in Aachen
Über Weggeber für automatisch gesteuerte Arbeitsmaschinen
in Vorbereitung

HEFT 820
Prof. Dr.-Ing. H. Opitz, Dipl.-Ing. H. Rohde und Dipl.-Ing. W. König, Aachen
Untersuchungen der Spanformung durch Spanbrecher beim Drehen mit Hartmetallwerkzeugen
1960, 35 Seiten, 16 Abb., DM 15,80

HEFT 830
Prof. Dr.-Ing. H. Opitz und Dipl.-Ing. W. Backé, Aachen
Automatisierung des Arbeitsablaufes in der spanabhebenden Fertigung
In Vorbereitung

HEFT 831
Prof. Dr.-Ing. H. Opitz, Dr.-Ing. H.-G. Rohs und Dr.-Ing. G. Stute, Aachen
Statistische Untersuchungen über die Ausnutzung von Werkzeugmaschinen in der Einzel- und Massenfertigung
1960, 38 Seiten, 32 Abb., DM 13,—

HEFT 864
Prof. Dr.-Ing. H. Opitz, Aachen
Funkenarbeit und Bearbeitungsergebnis bei der funkenerosiven Bearbeitung
1960, 44 Seiten, 19 Abb., DM 13,10

HEFT 873
*Prof. Dr.-Ing. W. Meyer zur Capellen und
Dipl.-Ing. W. Rath, Aachen*
Kinematik der sphärischen Schubkurbel
1960, 38 Seiten, 13 Abb., DM 11,20

HEFT 887
Baurat Dipl.-Ing. W. Gesell, Duisburg
Arbeiten mit Preß-Formmaschinen unter Normal-Bedingungen und bei hohen spezifischen Preßdrucken

HEFT 898
Prof. Dr.-Ing. H. Opitz und H. de Jong, Aachen
Untersuchung von Zahnradgetrieben und Zahnradbearbeitungsmaschinen in Zusammenarbeit mit der Industrie
In Vorbereitung

HEFT 900
Prof. Dr.-Ing. H. Opitz und Dr.-Ing. J. Bielefeld, Aachen
Automatisierung der Werkzeugmaschine für die spanabhebende Bearbeitung

HEFT 901
*Prof. Dr.-Ing. H. Opitz, Dr.-Ing. J. Bielefeld und
Dipl.-Ing. W. Kalkert, Aachen*
Lebensdauerprüfung von Zahnradgetrieben

Ein Gesamtverzeichnis der Forschungsberichte, die folgende Gebiete umfassen, kann bei Bedarf vom Verlag angefordert werden:

Acetylen / Schweißtechnik – Arbeitspsychologie und -wissenschaft – Bau / Steine / Erden – Bergbau – Biologie – Chemie – Eisenverarbeitende Industrie – Elektrotechnik / Optik – Fahrzeugbau / Gasmotoren – Farbe / Papier / Photographie – Fertigung – Gaswirtschaft – Hüttenwesen / Werkstoffkunde – Luftfahrt / Flugwissenschaften – Maschinenbau – Medizin / Pharmakologie / Physiologie – NE-Metalle – Physik – Schall / Ultraschall – Schiffahrt – Textiltechnik / Faserforschung / Wäschereiforschung – Turbinen – Verkehr – Wirtschaftswissenschaften.

If you have any concerns about our products,
you can contact us on
ProductSafety@springernature.com

In case Publisher is established outside the EU,
the EU authorized representative is:
**Springer Nature Customer Service Center GmbH
Europaplatz 3, 69115 Heidelberg, Germany**

Printed by Libri Plureos GmbH
in Hamburg, Germany